园林工程师丛书

微缩园林与沙盘模型制作

陈 祺　衣学慧　翟小平 ◎ 等编著

邓振义　赵建民 ◎ 主审

化学工业出版社

·北京·

本书为《园林工程师》丛书中的一分册，以微缩园林景观为统帅，从中国名园、边疆民族、亚洲地区、欧洲各国及其他各洲五个方面进行全方位图解展示，着力强化园林模型制作的工具、材料和工艺基础，以常规园林沙盘模型的制作技术为重点，辅以声、光、电、影等高档园林沙盘模型的制作要点，以园林沙盘模型的管理与欣赏收尾。既能顾及园林沙盘模型常规制作技术环节，又能突出微缩园林景观的前提，更能注重园林沙盘模型的发展趋势与其他行业的拓展应用。

本书可作为园林工程技术专业人士的重要工具书，也适合于业主、设计者、建设者以及园丁等专业和非专业人士参考，还可供高等学校相关专业师生参阅。

图书在版编目（CIP）数据

微缩园林与沙盘模型制作 / 陈祺，衣学慧，翟小平等编著．北京：化学工业出版社，2014.1 (2022.4重印)
（园林工程师丛书）
ISBN 978-7-122-19323-0

Ⅰ.①微… Ⅱ.①陈…②衣…③翟… Ⅲ.①园林设计－模型（建筑）－制作 Ⅳ.①TU986.2

中国版本图书馆 CIP 数据核字（2013）第 305348 号

责任编辑：刘兴春　　　文字编辑：荣世芳
责任校对：宋　玮　　　装帧设计：关　飞

出版发行：化学工业出版社（北京市东城区青年湖南街13号　邮政编码100011）
印　　装：北京虎彩文化传播有限公司
787mm×1092mm　1/16　印张14¼　字数364千字　2022年4月北京第1版第9次印刷

购书咨询：010-64518888　　　售后服务：010-64518899
网　　址：http://www.cip.com.cn
凡购买本书，如有缺损质量问题，本社销售中心负责调换。

定　　价：88.00元

前　言

中国园林经过十多年的持续飞速发展，从最初追求规模数量的快速建设已经开始向追求工程质量和艺术审美方面转变，特别是对文化品位、主题意境的要求也越来越高。近年来，园林工程建设项目清单计价日趋规范和成熟，越来越多的园林企业已经深刻地体会到，施工质量是企业生存的根本，主题意境是企业产品的最大亮点。而真正要提高园林项目的施工质量和文化内涵，不仅仅在于管理服务的到位和设计水平的提高，关键还在于整天深入在施工现场的工程技术人员，这是由园林工程建设项目的综合性、复杂性和灵活性以及施工时需要进行二次设计创作的根本特点所决定的。

园林工程建设是集建筑学、生物学、艺术学和社会学于一体的综合性科学，已发展成为多学科边缘交叉的一门前沿科学体系，这就要求其建设者必须具备多学科知识。而在我国，从事这一工作的人员，既有土建专业人员、水电安装人员，又有园林专业人员、林业专业人员，还有环境艺术人才、装饰装潢人员。上述各种技术人员，相互兼备者较少，特别是由于种种原因其艺术水平和文化素养又都参差不齐，这就严重地制约了我国园林工程建设的精品质量和综合效益的提高，进而影响园林工程建设市场化、规范化、全球化的发展步伐。鉴于此，由杨凌职业技术学院生态环境工程分院牵头组织编著了这套《园林工程师》丛书。这套丛书是在杨凌职业技术学院生态环境工程分院实训指导教师陈祺组织编写的《园林工程师宝典》（4本）、《庭园景观三部曲》（3本）和《园林工程建设技术丛书（第2版）》（12本）的基础上，结合园林工程建设的施工特征与发展趋势，组织从事园林工程建设实践的科研教学、规划设计、施工监理和咨询管理人员，经过两年多的辛苦劳动编著而成的，这无疑是园林工程建设界的一件喜事。

编著者们在充分总结、提炼中华传统园林艺术和现代工程建设经验教训的基础上，学习借鉴国内外园林工程建设的科学技术，结合我国园林工程建设事业国际化发展的要求，在现代园林工程五要素的基础上，着重提出基础骨架、动物景观、局部细节和主题文化新的园林四要素，并重新组合划分，形成九大园林要素系列。一是基础构骨架——园林基础工程图解与施工，二是掇山得精神——山石景观工程图解与施工，三是理水寄深情——水系景观工程图解与施工，四是园路引游人——园路与广场景观工程图解与施工，五是建筑定风格——园林建筑布局与景观小品图解，六是植物显生机——植物景观工程图解与施工，七是动物富动感——动物文化景观图解与制作，八是细节定成败——园林局部细节景观图解，九是意境是关键——园林主题意境景观图解。以中国传统园林经典特色分析为前提，以优秀园林作品表现技法为基础，以园林沙盘与三维动画为支撑，突出实用性、超前性和系统性，形成园林工程师的重要参考手册。

《园林工程师》丛书共13个分册，从园林工程建设的不同方面分别进行了详细论述。各分册从章节结构，文字风格和图、表、实例的选用上统一于一体，形成全套丛书的完整统一，使其独具风格而有别于其他园林作品。在内容的组成上，将理论性与技术实用性进行合理搭配，文字描述与彩图分别展示，力求做到理论精炼够用，特别是以图的形式突出技术实践，以满足施工一线读者的实际需求。编著者根据自己长期园林咨询实践和实训教学的经验，选择了必不可少的基本理论作为其技术部分的基础，以帮助读者能尽快地领会技术内容的实质和要领，从而能在实际应用中创造性地发挥主观能动性，提高使用技术的水平。

本书为《园林工程师》丛书中的一个分册，以微缩园林景观为统帅，从中国名园、边疆民族、亚洲地区、欧洲各国及其他各洲五个方面进行全方位图解展示，着力强化园林模型制作的工具、材料和工艺基础，以常规园林沙盘模型的制作技术为重点，辅以声、光、电、影高档园林沙盘模型的制作要点，之后以园林沙盘模型的管理与欣赏收尾。既能顾及园林沙盘模型常规制作技术环节，又能突出微缩园林景观的前提，更能注重园林沙盘模型的发展趋势与其他行业的拓展应用，图文并茂、通俗易懂，为园林工程技术专业人士的重要工具书，也适合于业主、设计者、建设者以及园丁等不同类型的专业和非专业人士阅读与参考，还供高等学校相关专业师生参阅。

本书由杨凌职业技术学院生态环境工程分院园林实训指导教师陈祺策划，并与杨凌职业技术学院生态环境工程分院衣学慧副教授、李轩讲师、张帝和高工和杨凌职业技术学院图书网络中心翟小平技师共同编著，园林规划设计09001班学生参与了园林沙盘的部分制作过程，杨凌五维园林咨询有限公司高级工程师韩兴梅和扶风县召公镇召光小学陈佳参与了部分图片整理与文字校对工作。特请杨凌职业技术学院院长邓振义教授（和赵建民教授）担任主审，在此，深表谢忱。在本书编著过程中，参考了大量相关的著作、文献资料，除参考文献注明者之外，如有遗漏，敬请谅解。在此，谨向各位专家学者、工程技术人员表示衷心感谢。

由于时间仓促和编著者的水平有限，书中疏漏之处在所难免，恳请各位专家教授和广大读者提出宝贵的批评指正意见，以便修订时改正，不胜感激。

编著者
2014年1月

目录

第一章 绪 论

园林沙盘模型作为园林规划设计、景观设计直观表现的重要手段，其设计与制作技术已进入一个全新的发展阶段。当前，我国经济建设飞速发展、城市景观日新月异，无论是园林、地产界还是高等职业院校园林专业教学中，园林模型、景观模型日益被重视。其原因在于园林、景观模型融其他表现手段之长、补其之短，有机地将形式与内容完美地结合在一起，以其独特的形式向人们展示了一个仿真的、立体的空间视觉形象。园林沙盘模型制作是一种理性化、艺术化的制作，它要求模型制作人员一方面要有丰富的想象力和高度的概括力，另一方面要熟练地掌握园林模型制作的基本技法，只有这样才有可能通过理性的思维、艺术的表达，比较准确地制作出技术含量高、外观新颖、工艺精巧而富有艺术感染力的园林模型。

一、园林沙盘模型特点与作用

人类通过地球仪这个模型认识我们共同的唯一家园——地球，是小模型让我们明白了大原理，可见模型是人们最早感受和表现人类社会客观世界物质形态的手段之一。在当今社会，模型广泛用于政治生活、经济发展、军事指挥、科技表现和商业展示等多个方面。

1. 沙盘模型的概念

模型一般可简单定义为：依据某一种形式或内在的比较联系，进行模仿性的有形制作。由于其应用领域不同而有不同的定义和解释，大体上可分为“概念模型”和“实体模型”两类。前者如物理模型、数学模型、电子模型等，属于抽象或理论研究的范畴；后者则如建筑模型、汽车模型等，属于实体或形象的仿作，即对某种实物进行足尺或缩放比例的模仿制作。

园林沙盘模型是城市公园景观规划设计、城市街道绿地设计、居住区花园设计以及多种用途的室外环境（如机关单位办公区、公司企业办公区、学校园区、科技园区、体育园区等景观环境）设计的一种重要表现手段。园林模型将园林设计图样上的二维图像转变为三维的立体形态，从而形象、直观地表达设计思想。园林模型广泛应用于园林景观行业、房地产行业以及相关的城建、环保等领域。

需要指出的是，除了房地产的需求成为推动模型制作艺术发展的直接经济动力外，逐步兴起的科技馆、博物馆和各种商业推广活动中，沙盘模型正逐渐成为展示的中心亮点，改变着过去展板、灯箱、说明书的传统模式。人们已习惯借助于声、光、电、气、雾、动等元素加上计算机控制，从而得到许多更加协调、有机、人性化的演示效果。模型制作艺术已经与高科技结合成有机的整体，并且为模型的未来拓宽了巨大的发展空间。

当代模型制作艺术从大框架上讲可分为硬件及艺术表现制作、控制软件制作以及传动执行部分三块，模型让世界变得更加奇妙精彩。当然不变的是永远需要对变化着的模型制作艺术审美的把握。

以不动产业为例，首先在建筑设计领域，越来越受到设计师们的重视，成为建筑师整个设计构思过程的视觉表达手段，并作为建筑师与业主进行沟通交流的一种工具或语言，这种方式后来又被发展商引用来做促进物业销售的广告宣传而被广泛应用于房地产业中。

沙盘模型制作在国内外环境设计、景观艺术类院校的教学过程中，往往作为培养学生三维空间想像力和动手能力的必修课程，是师生进行方案讨论、体量分析、细部推敲等过程的重要手段。

近年来，随着国家综合经济实力的不断提高，使得建筑业与园林景观迅猛发展，现代建筑和园林越来越向着错综复杂的个性化空间发展，新技术、新材料与新观念结合，构成了前所未有的建筑艺术创作新思潮和市场繁荣，由此也带动了模型制作艺术的飞速发展。新材料、新技术的应用，使模型制作由传统作坊式的手工操作转向近似工业化生产的过程，并逐渐形成了多工种配合、流水作业、专业化分工的定制加工型服务性生产行业。计算机的应用和新工艺的发展，更使模型制作无所不能，给模型制作艺术增添了无穷的魅力。

2. 沙盘模型的意义

制作沙盘模型的目的是设计师将设计的构想与意图综合美学、工艺学、人机工程学、哲学、科技等学科知识，凭借对各种材料的驾驭，用以传达设计理念，塑造出具有三维空间的形体，从而以三维形体的实物来表现设计构想，并以一定的加工工艺及手段来实现具体形象化的设计过程。模型在设计师将构想以形体、色彩、尺寸、材质进行具象化的整合过程中，不断地表达着设计师对设计创意的体验，为与工程技术人员进行交流、研讨、评估以及进一步调整、修改和完善设计方案、检验设计方案的合理性提供有效的实物参照，也为制作产品样机和产品准备投入试生产提供充分的、行之有效的实物依据。

在设计过程中的模型制作不能与机械制造中铸造成型用的木模或模具工艺相混淆。模型制作的功能并不是单纯的外观、结构造型，模型制作的实质是体现一种设计创造的理念、方法和步骤，是一种综合的创造性活动，是新产品开发过程中不可缺少的环节。在设计过程中，沙盘模型制作具有以下的意义。

（1）说明性　以三维的形体来表现设计意图与形态，是模型的基本功能。

（2）启发性　在模型制作过程中以真实的形态、尺寸和比例来达到推敲设计和启发新构想的目的，成为设计人员不断改进设计的有力依据。

（3）可触性　以合理的人机工程学参数为基础，探求感官的回馈、反应，进而求取合理化的形态。

（4）表现性　以具体的三维的实体、翔实的尺寸和比例、真实的色彩和材质，从视觉、触觉上充分满足形体的形态表达、反映形体与环境关系的作用，使人感受到了产品的真实性，从而使设计师与消费者更好地沟通对产品意义的理解。

3. 园林沙盘模型特点

园林沙盘模型与建筑模型相比，虽有相似之处，但也有它自身的特点，其特点如下。

（1）园林模型是三维、立体、直观的设计表现形式　园林模型需要用实物材料来制作，具有独特的三维空间表现能力，与二维平面的园林方案图样、施工图样有很大区别。园林模型作为设计人员的专业语言，借助立体模型，对园林景观设计的理念、功能、形态、结构、材料、构造、细部大样等进行直观展示。这种三维、立体的形象对于普通大众来说，是最好的交流表现形式；对于专家和决策者来说，可以预测、分析、把握园林建成后的概况，便于论证决策或拍板定案。

（2）地形复杂、建筑种类多　园林中各类地形都有，规划时常常是多利用少改造，尤其是在自然式的园林中更是如此。园林中的亭、台、楼、阁及各种建筑小品体量小、种类多、形式美、要求高。

（3）植物造景难、游乐设施多　植物景观的好坏直接影响整个模型的效果，因此，制作模型时不仅要注意各植物种类的形体、色彩、质感，还要参考各树种之间的配置关系以及植物空间的环境效果。在园林绿地中尤其是在青少年活动区内有各种游乐设施，如滑梯、风车、转椅等，这些游乐设施不仅种类多，而且体型、体量、材料、色彩等变化也较大。

（4）园林模型是园林实景景观的微缩效果　按一定比例微缩而成的园林模型，是传递、解释、展示设计思路的重要工具和载体。因此，园林模型的外观效果应追求美观、大方、精致，尤其是尽可能强化其真实性、可视性。当今很多大型园林的展示模型，借助高超的制作技术手段，完全能够真实模拟动感的喷泉和流水、光影闪烁的街景、精致的环境小品、靓丽的小车等。

（5）园林模型具有较高的实用价值、审美价值和科普价值　园林模型的实用价值体现在其模拟了山水、植物、建筑环境的真实效果，让人们能够对园林的功能分区、空间布局、交通流线、景点组合关系以及园林建筑外观形式等有整体、清晰的认识。园林模型形象、真实、完整，以现实中的园林实物为参照，以三维的立体形式直观反映于人的视觉中，它能表现园林的整个实体空间和环境，展示出所有景观层面，而不同于只能单纯地表现一个面或一个角度的二维图样表现形式。

此外，园林模型本身营造的是仿真的环境，有青山绿水、花草树木、亭廊花架和各种小品设施，不管是家园环境还是自然风景区域的休闲环境，人们都容易被它独特的环境艺术魅力所吸引，具有较高的审美价值。同时，园林模型展示了绿色、生态、环保、节能等多种理念和技术，观赏者得到的不仅是优美的视觉形象，还有重要的科普知识、信息，因此其科普价值也不容低估。

总之，园林模型的制作比建筑模型的制作更加烦琐、复杂，尤其是植物景观的制作。

4. 园林沙盘模型的作用

一个完整的建筑与环境设计项目包括四个方面：设计构思、探求理想方案；向业主、建设单位、审查单位展示方案，获得认可；指导施工，落到实处；展示业绩，进行售楼宣传。所以由这几个方面，我们可以知道建筑与环境模型具有以下四个作用。

（1）探求理想方案，完善设计构思　在建筑与环境设计的过程中，设计想法和理念仅仅通过图纸是不容易被理解和接受的，所以设计往往是由草图和模型共同表达的。在设计的初级阶段，设计师们利用草图和模型作为探索初步想法的手段。草图可以让设计师们自由地思考，概念模型和工作模型则可以使设计师们更接近设计想法的实际，使空间想象转化为实体。通过草图和模型的不断修改和重新构思设计，可以推进创造过程，推敲和解决建筑内部和外部出现的造型、结构、体量、色彩、肌理、采光等问题，探求理想的方案，完善设计构思，直到一个完整的三维空间实体展现出来。

（2）展示建筑与环境实体效果　在大型公共建筑或其他一些建筑与环境的投标活动中，为了向招标单位、审批单位展示建筑与环境的设计理念和特色，获得认可，同时使业主、审批人员等有关方面能够对建筑造型及周边环境有一个比较直观的了解和真实的感受，设计师们常常通过模拟真实建筑和环境的实体模型来展示其设计效果，传递设计理念。

（3）指导实际施工　在实际的建筑与环境施工中，有的建筑结构比较复杂，在平面图和立面图中都难以表达出来，或者施工人员无法正确理解，造成施工上的难度。为了使施工人员能够正确理解设计师的意图，保证施工，往往采用模型来展示建筑较复杂的结构部位，指导施工。

（4）展示业绩，进行销售宣传　建筑与环境模型已经成为房地产开发商进行楼盘展示、宣传和销售的必备手段。通过模型，公众和购房者可以对建筑设计风格和周边环境特色有一个直观的了解，同时对他们购房选室也有一定的指导作用。

二、园林沙盘模型的分类

从园林设计构思到设计作品完成的各个设计阶段中，设计者采用各种不同的模型来表达设计意图，强化设计效果。园林模型种类多，可按模型的用途、比例大小和制作的材料进行分类。

1. 按模型的用途分

按用途可分为研究模型、展示模型、功能模型和小样模型。

（1）研究模型　研究模型又称草案模型、粗制模型、构思模型或速写模型。研究模型是在设计初期，设计者根据设计创意，在构思草图基础上，自己制作能表达设计构思形态基本体面关系的模型，作为设计初期设计者自我研究、推敲和发展构思的手段，多用来研讨方案的基本形态、尺度、比例和体面关系。研究模型注重于设计整体的造型，主要考虑造型的基本形态，通常只有立体的基本形状，具有大概的长宽高和粗略的凹凸面关系，而不过多追求细部的刻划。研究模型是针对某一设计构思而展开进行的，可制作多种不同形态的模型，供分析、比较、选择和综合。研究模型多采用易加工成型、易反复修改的材料制作，如黏土、油泥、纸板、泡沫塑料等，也可用尺寸形状类似的现成产品拆改、组合加工而成。方案模型包括单体景观建筑和景观建筑群两种模型。它主要用于景观建筑设计过程中的分析现状、推敲设计构思、论证方案可行性等环节的工作。这类模型由于侧重面不同，因而制作深度也不一样。一般主要侧重于内容，对于形式表现则要求不是很高。

在设计过程中为推敲方案而制作的。常用材料为油泥（橡皮泥）、石膏条块、泡沫塑料条块、吹塑纸、硬纸板等，制作比较粗放。

（2）展示模型　展示模型又称外观模型、仿真模型或方案模型，是设计方案确定过程中采用较多的立体表现形式。通常是在设计方案基本确定后，按所确定的形态、尺寸、色彩、质感及表面处理等要求精细制作而成，其外观与产品有相似的视觉效果，充分表现了园林设计各要素的大小、尺寸和色彩，真实地表现设计的形态和外观，但通常不反映设计的内部结构。根据要求制成比例模型，供设计委托方、生产厂家及有关设计人员审定、抉择。展示模型外观逼真，真实感强，具有良好的可触性，为研究人机关系、造型结构、制造工艺、装饰效果、展示宣传及市场调研等提供较完美的立体形象，为产品设计的最终裁决和审批提供实物依据。展示模型制作的材料，通常选择加工性好的油泥、石膏、木材、塑料及金属等。展示模型包括单体景观建筑和景观建筑群两种模型。它是园林设计师在完成景观建筑设计后，将方案按一定的比例微缩后制作成的一种模型。这类模型无论是材料的使用，还是制作工艺都十分考究。其主要用途是在各种场合上展示景观建筑师的最终成果。

多在规划设计完成后制作，以供汇报存档用。常用材料为有机玻璃、塑料板、木板、三夹板、海绵、平绒布、吹塑纸等，制作比较精细，要求能长期保存。

（3）功能模型　功能模型主要用来表达、研究景观建筑的各种构造性能以及人和作品之间的关系。此类模型强调构造的效用性和合理性，各组件的相互配合关系严格按设计要求进行制作，并在一定条件下进行各种实验，其技术要求严格。通过功能模型可进行整体和局部的功能实验，测量必要的技术数据，记录动态和位移变化关系，模拟人机关系实验或演示功能操作，从而使产品具有良好的使用功能，提高产品的设计质量。

（4）小样模型　严格按设计要求制作，以充分体现设计外观特征和内部结构的模型，具有实际操作使用的功能。其外观处理效果、内部结构和操作性能都力求与成品一致，因而在选用材料、结构方式、工艺方法、表面装饰等方面都应以批量生产要求为依据。借助小样模型，设计者可进一步校核、验证设计的合理性，审核尺寸的正确性，大大提高工程图纸的准确度，并为模具设计者提供直观的设计信息，以加快模具设计速度和提高设计质量。小样模型常用于试制样品阶段，以研究和测试产品结构、技术性能、工艺条件及人机关系。借助样机模理，设计者可进一步校核、验证设计的合理性，审核产品尺寸的正确性，大大提高工程图纸的准确度，并为模具设计者提供直观的设计信息，以加快模具设计速度和提高设计质量。

2. 按模型的比例分

根据需要，将真实产品的尺寸按比例放大或缩小而制作的模型称为比例模型，按比例大小可分为原尺模型、放大比例模型和缩小比例模型。

比例模型采用的比例，通常根据设计方案对细部的要求、展览场地及搬运方便程度而定。按放大或缩小比例制作的模型，往往因视觉上的聚与散，产生不同的效果，通常采用的比例越大，反映出与真实产品的差距越大。选择适合的比例是制作比例模型的重要环节。根据设计要求、制作方法和所用材料，比例模型有简单型和精细型，多用于研究模型和展示模型。

（1）原尺模型　原尺模型又称全比例模型，是与真实产品尺寸相同的模型。产品造型设计用的模型大部分用原尺寸制作。根据设计要求、制作方法和所用材料，原尺模型有简单型和精细型，主要用作展示模型、工作模型。

（2）放尺模型　放尺模型即放大比例模型。小型的产品由于尺寸较小，不易充分表现设计的细部结构，多制成放大比例模型。放尺模型通常采用2∶1、4∶1、5∶1等比例制作。

（3）缩尺模型　缩尺模型即缩小比例模型。大型的产品，由于受某些特定条件的限制，按原尺寸制作有困难，多制作成缩小比例模型。缩尺模型通常采用1∶2、1∶5、1∶10、1∶15、1∶20等比例制作，其中按照1∶5的缩小比例制作的产品模型效果最好。

3. 按模型的材料分

产品模型常用的制作材料有黏土、油泥、石膏、纸板、木材、塑料（ABS、有机玻璃、聚氯乙烯等）、发泡塑料、玻璃钢、金属等，可单独使用，也可组合使用。按模型制作的材料可分为黏土模型、油泥模型、石膏模型、木模型、金属模型、纸模型、塑料模型、玻璃钢模型。

（1）黏土模型　黏土模型即用黏土制作的模型。黏土具有良好的黏结性、可塑性、吸附性、脱水收缩性、耐火性和烧结性。所用黏土应质地细腻，含沙量少，有良好的可塑性，能满足设计构思要求自由塑造，同时修改、填充方便，可反复使用。但尺寸要求严格的部位难以刻划加工。由于黏土易于干裂变形，可加入某些纤维（如棉纤维、纸纤维等）以改善和增强黏土性能。黏土模型一般用于制作小型的产品模型，主要用于制作构思阶段的研究模型。黏土模型不易保存，通常翻制成石膏模型进行长期保存。

（2）油泥模型　油泥模型是采用油泥材料制作的模型。油泥可塑性好，加热软化后可自由塑造，易刮削和雕制，修改填补方便，易粘接，可反复使用且不易干裂变形，但怕碰撞，受压后易变形，不易涂饰着色。油泥的可塑性优于黏土，可进行较深入的细节表现。油泥模型多用作研究模型和展示模型。小型油泥模型可实体塑制，中、大型油泥模型则需先制作骨架，在骨架上铺挂油泥后再进行雕刻和塑造。

（3）石膏模型　石膏模型是用熟石膏制作的模型。熟石膏遇水而具有胶凝性，并可在一定时间内硬化。通常采用浇铸法、模板旋转法、翻制法或雕刻法等使石膏成型，通过刮、削、刻、粘等方法可以很方便地对模型进行加工制作。石膏模型质地洁白，具有一定强度，不易变形走样，打磨可获得光洁细致的表面，可涂饰着色，可较长时间保存。但模型较重，怕碰撞挤压，搬运不方便。石膏模型一般制作形态不太大、细部刻划不多、形状也不太复杂的产品模型，多用来制作产品的研究模型和展示模型。

（4）木模型　木模型是用木材制作的模型。木材质轻，富韧性，强度好，材色悦目，纹理美观，易加工连接，表面易涂饰，适宜制作形体较大、外观精细的产品模型，通常选用硬度适中、材质均匀、无疤节、自然干燥的红松、椴木、杉木等制作模型。木模型制成后不易修改和填补，故多先绘制工程图或制作石膏模型，取得样板后再制作木模型。木模型制作费时，成本较高，但运输方便，可长期保存，多作为展示模型和工作模型。

（5）金属模型　金属模型指以金属为主要材料制作的模型。金属材料具有较高的强度、延展性和可焊性，表面易于涂饰，耐久性好，可利用各种机械加工方法和金属成型方法制作模型。金属材料种类多，可根据设计要求选择使用。采用金属材料制作模型，加工成形难度大，不易修改，通常用于制作工作模型，用来分析研究产品的性能、操作功能、人机关系及工艺条件等。

（6）卡纸模型　卡纸模型是用纸板制作的模型。通常选用不同厚度的白卡纸、铜版纸、硬纸板、苯乙烯纸板等作为模型的主要构成材料。纸模型制作简便，利用剪刀、美工刀、尺子、刻刀、订书钉、胶黏剂等工具和材料即可加工连接。由于纸板的强度不高，纸模型多制成缩尺模型。如要制作较大的纸模型，则先用木材、发泡塑料等作形体骨架，以增加强度。纸模型质轻，易于成形，表面可进行着色、涂色及印刷等装饰处理，但不能受压，怕潮湿，易产生弹性变形。适宜用于制作形状单纯、曲面变化不大的模型，多用于设计构思阶段的初步方案模型。

（7）塑料型材模型　塑料型材模型是用塑料型材制作的模型，采用ABS、有机玻璃、聚氯乙烯、聚苯乙烯等热塑性板材、棒材及管材制作而成。具有一定强度，可采用锯、锉、钻、磨等机械加工法和热成型法制作，可用溶剂粘接组合，并在表面进行涂饰印刷等处理。塑料型材模型精细逼真，能达仿真效果，易于制作小型精细的产品模型，多用作展示模型和工作模型。

（8）泡沫塑料模型　泡沫塑料模型是用聚乙烯、聚苯乙烯、聚氨酯等泡沫塑料经裁切、电热切割和粘接结合等方式制作而成的模型。根据模型的使用要求，可选用不同发泡率的泡沫塑料。密度低的泡沫塑料不易进行精细的刻划加工，密度高的泡沫塑料可根据需要进行适当的细部加工。这类模型不易直接着色涂饰，需进行表面处理后才能涂饰，适宜制作形状不太复杂、形体较大的产品模型，多用作设计初期阶段的研究模型。

（9）玻璃钢模型　玻璃钢模型是用环氧树脂或聚酯树脂与玻璃纤维制作的模型，多采用手糊成型法制作。玻璃钢模型强度高，耐冲击碰撞，表面易涂饰处理，可长期保存，但操作程序复杂，不能直接成形，常用作展示模型和工作模型。

4. 按模型的环境分

应该说除了建筑模型之外，其他的模型要素如地形、道路、车辆、人群、环境小品设施、树木、植物、水平面等都应该属于环境模型的范畴。环境模型是最终展示模型不可或缺的一部分。环境模型主要有两个作用——向观者展示建筑周围环境概况及烘托建筑物的规模。环境模型大体上又可以分为三类：地形模型、景观模型和花园模型。

（1）地形模型　地形模型（又叫等高线模型）是建筑与环境模型的基础，是用来展示地形情况、体现建造场地地形升降变化的，主要通过一系列确定了比例的层相叠加，模拟地形升降的变化，产生坡度。地形模型常用来研究建筑物，通过对建造场地的模拟，探讨地形改造的可能性和必要性，使建筑物适合建造场地，同时还可以通过地形模型研究交通、地面水流方向及后期的环境改造工作。

（2）景观模型　景观模型是以地形模型为基础建造的，主要是为了向观者展示建筑周围的环境概况或者是作为一种对照比例烘托建筑的规模。在这种模型里面可以表现道路、车辆、人群、环境小品设施、树木、植物、水平面等环境要素。景观模型常用的比例有1∶500、1∶1000和1∶2500，在一些大型的城市建筑模型中有时也用到1∶50000。

还有一种严格意义上的景观模型是专门用来研究景观空间变化及周围地形、探讨环境改造的。在这种模型里面，建筑主题或者是建筑主体群只是以简单的形式呈现，景观空间的大小、形式空间的关联性，相关的环境方位和地表变化，以及景观中某个特定的点，如雕塑、桅杆、亭子、塔楼等则得到准确的说明。

（3）花园模型　花园模型也可以说是景观模型的一部分，其常用的建造比例有1∶500、1∶1000、1∶2500，有时候也会用到1∶5000。相对于景观模型来说，花园模型的范围较窄，常常出现在大型建筑顶部、小型住宅区或者私人建筑里。它涉及屋顶花园、街心公园、宅旁小游园及建筑室内庭园等形式。与此相关的元素有小型广场、游园小径、坐凳、秋千、喷泉、亭子、园灯、树丛、草皮、篱笆、栏杆等。描述的重点是地面的铺装、小径的铺设、绿化以及小广场和水平面的制作等。

三、园林沙盘模型的设计制作与学习方法

1. 园林沙盘模型的设计方法

在园林规划设计工作中过去常常是以平面构图为主要的设计构思方法。由于设计人员在设计过程中对环境、地形以及各景物的大小、比例、色彩、空间等问题只能凭基础图纸资料（如地形、水文、土壤、植被图）和实地观察主观地去想象去推测，因而规划设计的方案不免带有某些主观性和不合理性。为了解决这个问题，在规划设计工作中，有意识地引进模型设计的方法，借助园林模型，酝酿、推敲和完善规划设计方案，并对某些园林建筑及小品进行单体多方案设计，从中筛选出较理想的设计方案。这种方法便于设计者了解环境及多种园林空间的相互关系，又有助于开阔思路，深化设计。而且模型制作简单，直观性强，有较强的说服力和感染力，一旦出现问题，易于修改。这样，通过图纸－模型－图纸、平面－空间－平面的多次反复使设计不断深入，方案不断趋于合理、完善，这种方法具有一定的科学性和艺术性。模型设计是利用模型来酝酿、推敲和完善设计方案的一种设计手段，其方法主要有以下两种。

（1）第一种方法：草图→模型→图纸　这种方法必须首先作出规划设计方案草图，初步

确定园林地形、建筑、道路、水体、植物等的平面布局及平面形式，然后根据地形图和设计方案草图动手制作园林模型，并在模型上修改方案草图，根据修改后的方案绘成正式的园林设计图。这种方法适用于公园或绿地的规划设计。

（2）第二种方法：构思→模型→图纸　这种方法适用于园林建筑及小品的单体方案设计。当建筑及小品的位置确定之后，就可根据其功能（如展览、饮茶、观景、休息等）和艺术的要求进行构思，并将各种构思方案做成模型，放在整体模型上逐一进行分析、比较，推敲建筑在形式、体量、比例尺度、功能、空间呼应等方面的问题，从而选出理想的设计方案。这种方法比画图作方案、选方案来得更快，也更直观。

2. 园林沙盘模型的设计制作原则

多年的经验表明：要制作出美观、大方、实用的园林沙盘环境模型，必须遵守以下原则。

（1）灵活性与科学性相结合的原则　在进行建筑与环境设计的过程中，根据设计过程的目的和需要，会制作各种不同比例、材料、细节表现程度的模型，有的是为激发设计构思服务的，有的是为研究和推敲建筑结构或空间分配服务的，有的是为最终总体效果表现服务的，但是无论是哪一个设计阶段的模型，都应该遵循灵活性与科学性相结合的原则。灵活性表现在不同的设计阶段可以根据需要采用不同的表现比例和材料以及不同的细节表现程度；科学性则表现在无论处于建筑与环境设计的何种阶段，采用何种手法与比例建造模型，都应该明白建筑模型和建筑实体之间应该体现出一种准确的缩比关系，如建筑体量、组合、方向、外形轮廓、空间序列、环境构造等都应该体现一种理性的逻辑，与实际情况相符合。随着设计程度的深入，科学性表现得愈加明显。

（2）工艺性与艺术性相结合的原则　建筑与环境模型是介于建筑艺术与一般的造型艺术两者之间的，作为向人们展示的一个媒介，设计师应该引导人们去理解自己的设计意图，召唤人们去体验建筑作品的本身，从而激发人们的审美心理和消费心理，所以在建造模型的时候，也要注重工艺性与艺术性相结合的原则。在模型的制作工艺上，要求规整和精工，尽可能运用先进的工具设备和材料，精雕细凿，追求表现建筑的光挺和材料的坚实。在追求制作工艺精美的基础上，同时要与建筑表现的艺术性相结合，知道轻重和虚实的取舍，在处理建筑空间和外形的时候，综合运用对比、调和、渐变、节奏、韵律等多种艺术美的表现形式，并以色彩、质感、空间、体量、肌理等功能表达出设计的内涵，给人以美的享受。

（3）超前性的原则　建筑与环境设计是一个循序渐进的过程，在不同的设计阶段有不同的表现模型，随着设计的不断深入，制作的模型也愈加精细和具体，但是不管是哪一个阶段的模型，都是一种设计理念和思维的表达，是研究性的。所以建筑与环境模型具有超前性，它是先于建筑与环境实体产生的，目的是在建筑尚未建成之前给人们一个直观的评赏机会。

3. 园林沙盘模型学习方法和技巧

园林模型设计与制作既是一项想象力与创造力有机结合的创作，也是一项需要耗费体力与汗水的辛苦劳动。对每一个模型制作人员来说，园林模型制作是一个将视觉对象回推到原始形态，利用各种组合要素，按照形式美的原则，依据内在的规律组合成一种新的立体多维形态的过程。该过程涉及许多学科知识，同时又具有较强的专业性。对于高职院校学生，关键的是培养就业岗位的一线应用型技术人才，因此在该课程的实训教学中就要注意实用和适宜的学习方法和技巧。唯其如此，才能因材施教，有效提高课程的实训效率，让学生在有限的时间内掌握园林的设计技术和模型制作技能。

（1）把握园林模型造型特点　园林图样和模型都是园林的“语言”，反映了园林设计的内涵。特别是包含园林建筑在内的更为直观立体的园林模型制作，需要学生课前做一些图样解读和造型分析。园林模型作为一种造型艺术，体现了如下特点：一是将园林设计人员图样上的二维图像，通过创意、材料体现出三维立体形态；二是通过对材料进行手工与机械工艺加工，生成具有转折、凹凸变化的表面形态；三是通过对表层进行物理与化学手段的处理，产生惟妙惟肖的艺术效果。模型设计时要考虑到如何选材、下料，如何连接各大小组件等具体操作；制作时也要考虑到造型艺术的审美要求，注意构造的合理性和节点大样的准确性，争取精巧雅致的外观造型效果。

（2）充分了解园林模型材料特点　园林模型的制作，最基本的构成要素就是材料。制作园林模型的专业材料和各种可利用的日常生活材料甚至被弃置的废料很多，因此，对于模型制作人员来说，要善于利用多种材料进行合理便捷地组合搭配，这就要求制作人员要熟悉和了解这些材料的基本物理特性与化学特性，真正做到物尽其用、物为所用。

（3）把握实用的操作流程　模型从底盘设计、地形塑造、园林建筑下料图样绘制到机器或手工切割下料、墙柱梁等杆件连接、体块拼装组合，再到硬地铺装、水景制作、植物种植和灯具、座凳、雕塑等环艺小品装饰，有其内在的规律性，每个模型项目应当预先设计科学合理的操作流程，这样在整个操作过程中才能做到合理地分配工时，循序渐进、有条不紊地解决实际问题。

（4）掌握基本的制作方法和技巧　了解园林模型制作的基本技术操作要点很重要。任何复杂园林地形环境、广场场景、园林建筑、树木小品等模型的制作都是利用最基本的制作方法，通过改变材料的形态，组合块面而形成的。因此，要想完成高难度复杂的园林模型制作，必须有熟练的基本制作方法做保障。同时，还要在掌握基本制作方法的基础上，合理地利用各种加工手段和新工艺，从而进一步提高园林模型的制作精确度和表现力。

第二章 微缩园林景观图解

第一节 中国名园微缩景观图解

一、帝王宫殿与皇家园林微缩景观

1. 北京故宫微缩景观

见图2-1 ~图2-5。

图2-1 天安门

图2-2 午门

图2-3 角楼

图2-4 太和殿

■ 图2-5　故宫中轴线三大殿（太和殿、中和殿、保和殿）

2. 大明宫微缩景观

见图2-6～图2-11。

■ 图2-6　大明宫（1）

■ 图2-7　大明宫（2）

■ 图2-8　紫宸殿

■ 图2-9　拾翠殿

■ 图2-10　望仙台

■ 图2-11　山水游园景观

3. 北京故宫御花园微缩景观

见图2-12 ~图2-14。

■ 图2-12　御花园全貌

■ 图2-13　建筑

■ 图2-14　古柏

4. 颐和园微缩景观

见图2-15 ~图2-23。

■ 图2-15　仁寿殿

■ 图2-16　德和园

■ 图2-17　颐和园景观全貌

■ 图2-18　万寿山（佛香阁）

■ 图2-19　昆明湖

■ 图2-20　文昌阁与知春亭

■ 图2-21　山水之间的长廊

■ 图2-22　十七孔桥

■ 图2-23　廓如亭

5. 避暑山庄微缩景观

见图2-24、图2-25。

■ 图2-24　宫廷区景观

■ 图2-25　湖洲区景观

6. 圆明园微缩景观

见图2-26 ~图2-28。

■ 图2-26 圆明园景观全貌（1）

■ 图2-27 圆明园景观全貌（2）

■ 图2-28 圆明园景观全貌（3）

（1）安佑宫　见图2-29。

（2）方壶胜境　见图2-30。

（3）万方安和　见图2-31。

■ 图2-29　安佑宫景观

■ 图2-30　方壶胜境前正面与后侧面景观

■ 图2-31　万方安和远景与近景

（4）九州清宴　见图2-32。
（5）镂月云开　见图2-33。
（6）天然图画　见图2-34。

图2-32　九州清宴

图2-33　镂月云开不同角度景观

图2-34　天然图画不同角度景观

（7）杏花春馆　见图2-35。
（8）碧桐书院　见图2-36。
（9）蓬岛瑶台　见图2-37。

图2-35　杏花春馆

图2-36　碧桐书院

图2-37　蓬岛瑶台

（10）坦坦荡荡　见图2-38。

（11）园桥景观　见图2-39～图2-41。

图2-38　坦坦荡荡景观

图2-39　亭桥

图2-40　九孔桥

图2-41　曲桥组景观

7. 长春园微缩景观

（1）万花阵　见图2-42。

（2）谐奇趣　见图2-43。

（3）远瀛观　见图2-44、图2-45。

■ 图2-42　万花阵

■ 图2-43　谐奇趣

■ 图2-44　远瀛观全景及背面景观

■ 图2-45 远瀛观水景

（4）大水法 见图2-46。

（5）海晏堂 见图2-47 ~ 图2-50。

■ 图2-46 大水法

■ 图2-47 海晏堂全景

■ 图2-48 正面景观

■ 图2-49　侧面景观

■ 图2-50　背面景观

二、寺庙园林微缩景观

1. 河南少林寺

见图2-51 ~图2-53。

■ 图2-51　少林寺

■ 图2-52　塔林景观

■ 图2-53　嵩岳寺塔

2. 西安大慈恩寺

见图2-54。

■ 图2-54 大慈恩寺

3. 山西南禅寺与悬空寺

见图2-55、图2-56。

■ 图2-55 南禅寺

■ 图2-56 悬空寺

4. 北京碧云寺与妙应寺

见图2-57、图2-58。

图2-57 碧云寺金刚宝座塔

图2-58 妙应寺白塔

5. 苏州寒山寺

见图2-59。

图2-59 寒山寺

6. 山东孔庙

见图2-60、图2-61。

图2-60 孔庙全景

图2-61 局部景观

7. 上海城隍庙

见图2-62。

8. 佛山祖庙

见图2-63。

9. 福建妈祖庙

见图2-64。

■ 图2-62 城隍庙

■ 图2-63 佛山祖庙

■ 图2-64 妈祖庙

三、陵墓、祠堂园林微缩景观

1. 陕西黄帝陵

见图2-65。

■ 图2-65　黄帝陵

2. 北京明十三陵（定陵）

见图2-66、图2-67。

■ 图2-66　明十三陵

■ 图2-67　定陵

3. 南京中山陵

见图2-68。

■ 图2-68　中山陵

4. 西安兵马俑与内蒙古昭君墓

见图2-69、图2-70。

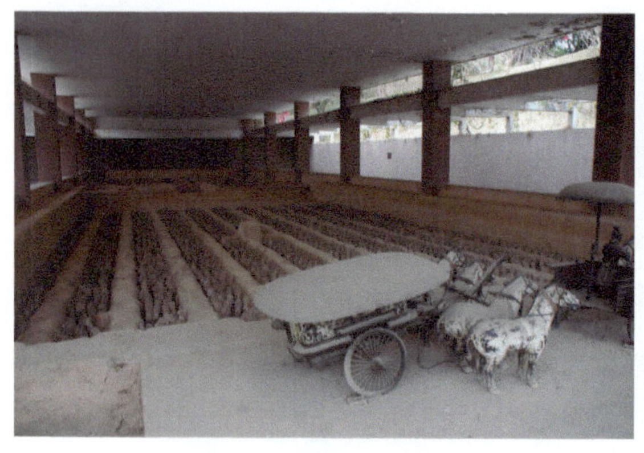

图2-69 兵马俑

图2-70 昭君墓

5. 成都武侯祠

见图2-71。

图2-71 武侯祠

6. 太原晋祠

见图2-72。

图2-72 晋祠

7. 成都杜甫草堂

见图2-73。

■ 图2-73 杜甫草堂

四、民居及其园林微缩景观

1. 苏州网师园

见图2-74。

■ 图2-74 网师园

2. 上海豫园

见图2-75。

■ 图2-75 豫园

3. 绍兴水乡小镇

见图2-76。

■ 图2-76 水乡小镇

4. 陕北窑洞

见图2-77。

■ 图2-77 窑洞民居

5. 福建客家土楼

见图2-78、图2-79。

■ 图2-78 客家土楼群

■ 图2-79　客家土楼景观

6. 杭州西湖山水风光

见图2-80、图2-81。

■ 图2-80　西湖水景（平湖秋月）

■ 图2-81　西湖山景（保俶塔）

7. 扬州瘦西湖风光

见图2-82、图2-83。

■ 图2-82 瘦西湖入口景观

■ 图2-83 瘦西湖核心景观（五亭桥、白塔）

五、其他微缩景观

1. 北京天坛

见图2-84。

■ 图2-84 天坛

2. 万里长城

见图2-85～图2-87。

■ 图2-85　山海关

■ 图2-86　嘉峪关

■ 图2-87　万里长城

3. 山体微缩景观

（1）山东泰山　见图2-88。

（2）云南石林　见图2-89。

（3）桂林山水　见图2-90、图2-91。

■ 图2-88　泰山

■ 图2-89　石林

■ 图2-90　七星岩

■ 图2-91　象鼻山

（4）格拉丹东山　见图2-92。

（5）广州石苑　见图2-93。

图2-92　格拉丹东山（青海）

图2-93　观石

4. 园林建筑微缩景观

（1）武汉黄鹤楼　见图2-94。

图2-94　黄鹤楼

（2）湖南岳阳楼　见图2-95。
（3）南昌滕王阁　见图2-96。
（4）广州镇海楼　见图2-97。
（5）山东蓬莱阁　见图2-98。
（6）大唐建筑一角　见图2-99。

图2-95　岳阳楼

图2-96　滕王阁

图2-97　镇海楼

图2-98　蓬莱阁

图2-99　大唐建筑一角

（7）塔、台、壁与桥　见图2-100 ~图2-107。

图2-100　山西应县木塔

图2-101　飞虹塔

图2-102　云南曼飞龙塔

图2-103　东方明珠（上海电视塔）

■ 图2-104　河南古观星台

■ 图2-105　山西九龙壁

■ 图2-106　赵州桥

■ 图2-107　卢沟桥

5. 敦煌莫高石窟

见图2-108。

■ 图2-108　莫高石窟

■ 第二节　中国边疆民族微缩景观图解

一、北方少数民族微缩景观

坦荡草原——蒙古族游牧文化区，大部分属于内蒙古高原，一派草原景象。自古以来，坦荡草原是我国北方少数民族的摇篮和活动区域，以蒙古族为主体，包括达斡尔、鄂温克、鄂伦春、满、朝鲜等30多个民族。

沙漠绿洲——西北少数民族游牧文化区，包括宁夏回族自治区、新疆维吾尔自治区和甘肃省三大省区，地处我国西北边陲，是一个少数民族聚居的区域。这里虽地处偏远、经济不够发达，但其独特的自然环境、多姿的民俗风情、悠久的历史文化、众多的名胜古迹，赋予其神奇的色彩和独特的魅力。从而对私家庭园产生了独具的影响，形成其神秘粗犷、绚丽多姿的特色。

关东位于我国最东北，包括黑龙江、吉林、辽宁三省，主要包括满族、蒙古族、朝鲜族、鄂伦春族、赫哲族等，是我国少数民族比较多的区域。林海、雪原、黑土地的天然魅力，农耕、渔猎文化交织的民族风情，使本区的庭园特色鲜明、类型多样。

1. 蒙古族微缩景观

见图2-109 ~图2-112。

图2-109　成吉思汗陵（深圳）

图2-110　蒙古包群落，或草地、或山体（深圳、陕西）

图2-111　蒙古包（深圳、甘肃、云南）

图2-112　蒙古族经典景观（深圳、辽宁）

2. 回族微缩景观

见图2-113 ～图2-115。

图2-113　回族清真寺（穆斯林建筑）

(a)

(b)

图2-114　回族窑洞（北京）

■ 图2-115　回族经典景观（云南、沈阳）

3. 维吾尔族微缩景观

见图2-116～图2-122。

■ 图2-116　维吾尔族大清真寺

■ 图2-117　香妃墓

■ 图2-118　维吾尔族民居（深圳）

■ 图2-119　维吾尔族民居（云南）

■ 图2-120　维吾尔族凉亭（云南、沈阳）

■ 图2-121　维吾尔族经典景观（胡杨、驼队）

■ 图2-122　维吾尔族经典景观（阿凡奇、葡萄沟）

4. 朝鲜族微缩景观

见图2-123、图2-124。

■ 图2-123　朝鲜族民居（深圳、北京）

■ 图2-124　朝鲜族经典景观

5. 满族微缩景观

见图2-125 ~ 图2-129。

■ 图2-125　皇堂子戟门

■ 图2-126　拜天圆殿与尚神殿

■ 图2-127　皇堂子祭神殿（北京）

■ 图2-128　满族民居

■ 图2-129　满族经典景观（沈阳）

二、西南少数民族微缩景观

云南、贵州两省和广西壮族自治区，省区内岩溶景观千姿百态，雪山、峡岩、湖光山色交相辉映，奇花异草、珍禽异兽名目繁多，从古至今是多民族聚集地，少数民族风情构成独具优势的人文旅游资源，加之气候普遍温暖湿润，四季如春，为多样的私家庭园创造了得天独厚的条件。

1. 傣族微缩景观

见图2-130 ~图2-133。

■ 图2-130　傣族村寨（深圳）

■ 图2-131 傣族民居

■ 图2-132 傣楼（北京）

■ 图2-133 傣族白塔与经典景观

2. 白族微缩景观

见图2-134 ~图2-138。

图2-134 大理白族村寨（深圳）

图2-135 大理白族民居（室外）

图2-136 大理白族民居（室内）

■ 图2-137　大理三塔

■ 图2-138　照壁景观（深圳、北京）

3. 纳西族微缩景观

见图2-139、图2-140。

■ 图2-139　丽江古城四方街（北京）

■ 图2-140　丽江纳西族民居（深圳）

4. 布依族微缩景观

见图2-141、图2-142。

■ 图2-141　布依村寨及其景观

■ 图2-142　布依民居及其景观

5. 苗族微缩景观

见图2-143 ~ 图2-145。

■ 图2-143　贵州苗寨（深圳）

■ 图2-144 苗寨特色景观（北京）

■ 图2-145 苗族经典景观（沈阳）

6. 侗族微缩景观

见图2-146～图2-149。

■ 图2-146 侗族民居

■ 图2-147　侗族村寨（北京）

■ 图2-148　侗族风雨桥

■ 图2-149　鼓楼

7. 壮族微缩景观

见图2-150 ~ 图2-153。

■ 图2-150　壮寨（深圳）

■ 图2-151　壮族民居（沈阳）

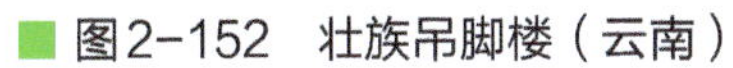

■ 图2-152　壮族吊脚楼（云南）

■ 图2-153　壮族竹楼（陕西）

8. 藏族微缩景观

藏族高原游牧文化区，位于我国西南部，包括青海省和西藏自治区。本区地广人稀，经济比较落后，但自然景观独特、人文内涵丰富，加之地域辽阔、地势高峻，形成独有的高原庭园。见图2-154 ~ 图2-159。

■ 图2-154　布达拉宫（深圳）

■ 图2-155　藏族寺庙

■ 图2-156　藏族碉楼

■ 图2-157　藏族民居

(a) 玛尼堆

(b) 转经廊

图2-158　藏族经典景观玛尼堆和转经廊

(a)

(b)

图2-159　藏族经典景观

三、其他少数民族微缩景观

1. 高山族微缩景观

见图2-160 ~ 图2-162。

图2-160　高山寨

图2-161　民居

■ 图2-162　高山族经典景观

2. 土家族微缩景观

见图2-163、图2-164。

■ 图2-163　土家山寨入口与摆手堂

■ 图2-164　土家山寨（土楼）

3. 土族微缩景观

见图2-165 ~ 图2-168。

■ 图2-165　土族村寨

■ 图2-166　土族民居

■ 图2-167　轮子秋

■ 图2-168　土族水磨坊（北京）

第三节 亚洲其他地区名胜微缩景观

一、东亚地区微缩景观

东亚是指亚洲东部，包括中国（第一节专述）、蒙古、朝鲜、韩国和日本等国家。东亚地区主要为温带季风气候和大陆性气候。除中国外，资源虽不丰富，但重视文化的开发，科学技术发达，经济繁荣。特别是日本和韩国，在接受中国园林文化影响的同时，结合本民族的文化特点，形成独树一帜的园林风格，在私家庭园的设计与建设方面形成精雕细刻的专业特色。按日本庭园的“枯山水”庭园布置，设置石灯笼、耙纹白沙、水池置片石、飞石等，植物栽植要求有圆盘针叶整形树，并有色叶树种（鸡爪槭或枫树），多与日式建筑相配。

1. 日式微缩景观

（1）日本王宫　见图2-169～图2-171。

图2-169　入口景观

图2-170　建筑群

图2-171　建筑前景观小品及人物景观

（2）桂离宫　见图2–172。

（3）日式园林经典景观　见图2–173 ~ 图2–179。

图2–172　桂离宫全貌

图2–173　覆瓦双坡顶木构园门

图2–174　白粉围墙、覆顶入口

图2–175　拱桥与四角亭

图2–176　双层木构四角凉亭

■ 图2-177　双坡顶的陶艺坊，两层住宅、一石一木

■ 图2-178　石灯、石塔为日式园林特色景观亮点

■ 图2-179　洗手钵

2. 韩国微缩景观

（1）韩国景福宫　见图2-180。

（2）韩国园林经典景观　见图2-181～图2-184。

■ 图2-180　景福宫全貌

■ 图2-181　内外围墙及园门

■ 图2-182　园门及青砖灰瓦围墙（辽宁）

■ 图2-183　四角亭（出檐深远）作为构图中心

■ 图2-184　鼓雕塑、泡菜陶土缸为韩国园林的代表小品

3. 朝鲜微缩景观

见图2-185 ~ 图2-188。

■ 图2-185　普通门

■ 图2-186　大城山南门

■ 图2-187　三门四柱（石柱）三楼歇山顶（绿色青瓦）门廊入口

■ 图2-188　六角古典亭，作为休闲与观景的去处

二、东南亚地区微缩景观

东南亚地区包括中南半岛的越南、老挝、柬埔寨、泰国、缅甸、马来西亚和南洋群岛的新加坡、印度尼西亚、菲律宾、文莱等国家。地处太平洋和印度洋、亚洲和大洋洲之间的十字路口，也是联系亚洲、欧洲、非洲和大洋洲之间海上航线的必经之地，交通位置十分重要。加之，东南亚地区属热带气候，高温多雨，私家别墅、庭园洋房种类多样，诸多风格与特色交相辉映。

1. 新加坡微缩景观

见图2-189、图2-190。

■ 图2-189　鱼尾狮雕塑作为新加坡的象征

■ 图2-190　块石台阶、装饰栏杆与四角凉亭

2. 马来西亚微缩景观

见图2-191 ~图2-193。

■ 图2-191　马来西亚传统民居

■ 图2-192　四角木构凉亭

■ 图2-193　极乐寺（牌坊门、大殿与八面塔）

3. 泰国微缩景观

（1）泰王宫（深圳）见图2-194。

■ 图2-194　泰王宫全貌

（2）泰国大王宫（北京） 见图2-195。

（3）泰国民居 见图2-196。

图2-195 泰国大王宫

图2-196 泰国民居

4. 缅甸微缩景观

见图2-197 ~图2-199。

■ 图2-197　仰光大金塔

■ 图2-198　缅甸民居

■ 图2-199　大象、入口及金亭

5. 越南微缩景观

见图2-200、图2-201。

■ 图2-200　白柱红门、黄瓦覆顶、黑匾金字，门内八角凉亭与民居（云南）

■ 图2-201　独柱寺（深圳、北京）

6. 柬埔寨微缩景观

（1）吴哥窟（深圳）见图2-202。

■ 图2-202　吴哥窟

（2）吴哥寺（北京） 见图2-203。

■ 图2-203 吴哥寺

7. 印度尼西亚微缩景观

见图2-204。

■ 图2-204 波罗浮屠

三、南亚地区微缩景观

南亚包括尼泊尔、不丹、锡金、巴基斯坦、孟加拉国、印度、斯里兰卡和马尔代夫等国家，有几千年的悠久历史，印度河流域是世界四大古文明发祥地之一。

1. 印度微缩景观

（1）泰姬陵　见图2-205。

（2）摩多拉多圣井　见图2-206。

图2-205　泰姬陵（北京）

图2-206　摩多拉多圣井

（3）印度民居　见图2-207。

（4）经典景观　见图2-208。

■ 图2-207　印度民居及佛像背后的放生池

■ 图2-208　温婆神像、桑契门（北京）

2. 尼泊尔微缩景观

（1）寺庙　见图2-209。

■ 图2-209　寺庙景观（西安）

（2）民居 见图2-210 ~ 图2-212。

■ 图2-210 园门入口

■ 图2-211 民居建筑

■ 图2-212 各种小动物雕塑

3. 巴基斯坦微缩景观

见图2-213。

■ 图2-213 巴基斯坦民居（沈阳、云南、西安、深圳）

四、西亚地区微缩景观

西亚又称西南亚，包括伊拉克、沙特阿拉伯、科威特、叙利亚、黎巴嫩、巴勒斯坦、约旦、也门、阿曼、卡塔尔、巴林、阿拉伯联合酋长国等以阿拉伯人为主的阿拉伯国家，以及阿富汗、伊朗、土耳其、以色列和塞浦路斯等国，分别为普什图人、波斯人、土耳其人、犹太人和希腊人。西亚地处亚、非、欧三洲的交界地带，具有重要的战略地位。这里历史悠久、名胜古迹众多，为世界三大园林系统之一。只是因战事频繁，名胜古迹遭受破坏，庭园与教堂园发展也随之受到限制。

1. 巴勒斯坦微缩景观

见图2-214。

2. 土耳其微缩景观

（1）圣索菲亚大教堂　见图2-215、图2-216。

图2-214　四间拱门，穹窿顶住宅（云南）

图2-215　圣索菲亚大教堂（深圳）

图2-216　圣索菲亚大教堂（北京）

（2）土耳其民居　见图2-217。

（3）经典景观　见图2-218、图2-219。

图2-217　土耳其民居（西安）

图2-218　特洛伊木马

图2-219　钢构四角亭架（辽宁）

3. 伊拉克微缩景观

见图2-220、图2-221。

图2-220　巴比伦门（北京）

图2-221　螺旋塔（深圳）

第四节　欧洲各国名胜微缩景观图解

一、西欧地区微缩景观

西欧地区包括英国、爱尔兰、荷兰、比利时、卢森堡和法国等，地势平坦，以平原丘陵为主，典型的温带海洋性气候区。

1. 法国微缩景观

（1）巴黎圣母院　见图2-222、图2-223。

■ 图2-222　巴黎圣母院（深圳）

■ 图2-223　巴黎圣母院（北京）

（2）埃菲尔铁塔与凯旋门　见图2-224、图2-225。

■ 图2-224　埃菲尔铁塔（北京、深圳）

■ 图2-225　凯旋门

（3）凡尔赛宫　见图2-226。

（4）典型景观　见图2-227、图2-228。

■ 图2-226　凡尔赛宫微缩景观全貌

■ 图2-227　木构廊架

■ 图2-228　铁艺凉亭、雕塑与庭院灯，风格最为鲜明（辽宁）

2. 英国微缩景观

（1）英国巨石阵　见图2-229、图2-230。

（2）伦敦塔桥　见图2-231、图2-232。

■ 图2-229　塑石巨石阵（深圳）

■ 图2-230　块石巨石阵（北京）

■ 图2-231　伦敦塔桥（深圳）

图2-232 伦敦塔桥（北京）

（3）英国大本钟 见图2-233。

（4）白金汉宫 见图2-234。

图2-233 大本钟

图2-234 白金汉宫

（5）英国庭园景观　见图2-235 ~ 图2-237。

图2-235　规则对称式庭园全貌（沈阳）

图2-236　雕塑构图中心

图2-237　红色背景墙

3. 荷兰微缩景观

见图2-238 ~ 图2-240。

图2-238　荷兰别墅

图2-239 风车

图2-240 木屐雕塑

二、南欧地区微缩景观

南欧地区包括西班牙、葡萄牙、意大利、梵蒂冈、圣马力诺、希腊、阿尔巴尼亚、保加利亚、罗马尼亚、南斯拉夫以及拉脱维亚等国，地势高峻、地形崎岖，属亚热带地中海式气候，夏季炎热干燥、冬季温和多雨。亚热带水果较多，林木茂密，经济发达，风光美丽。地中海沿岸又是世界古代文明发祥地之一，名胜古迹众多，为多姿多彩的私家庭园提供了发展的便利条件。

1. 意大利微缩景观

它主要通过古典式喷泉、壁泉、拱廊、整形绿篱、模纹花坛、花钵等表现出来，可参照古罗马意大利庭院样式设计。

（1）台地园　见图2-241、图2-242。

图2-241 台地园（辽宁、深圳）

（2）斗兽场　见图2-243。

（3）比萨斜塔　见图2-244。

图2-242　北京的台地园

图2-243　斗兽场

图2-244　比萨斜塔与教堂

2. 梵蒂冈微缩景观

见图2-245、图2-246。

■ 图2-245 圣彼得广场（北京）

■ 图2-246 圣彼得广场（深圳）

3. 西班牙微缩景观

见图2-247、图2-248。

■ 图2-247 伊斯兰园林景观（西安）

■ 图2-248　红砖围墙、铁艺园门（云南）

三、中欧地区微缩景观

中欧地区包括德国、瑞士、列支敦士登、奥地利、波兰、捷克、斯洛伐克和匈牙利等，气候具有海洋性向大陆性气候过渡的特点，地势较平坦、交通便利，是联系东西部与南北部的交通枢纽，名胜古迹较多，别墅洋房种类繁多。

1. 德国微缩景观

（1）德国民居　见图2-249。

（2）新天鹅城堡　见图2-250。

■ 图2-249　民居别墅及其花架（云南）

■ 图2-250　新天鹅城堡

（3）经典景观　见图2-251。

■ 图2-251　圣诞老人

2. 奥地利微缩景观

见图2-252～图2-254。

■ 图2-252　斯特凡教堂（北京）

■ 图2-253　莫扎特雕像（北京）

■ 图2-254　音乐之家金色雕像（云南）

■ 图2-255　木板教堂

四、北欧与东欧地区微缩景观

1. 挪威微缩景观

北欧包括芬兰、瑞典、挪威、丹麦和冰岛五国，位于欧洲最北部，气候比较寒冷，为三面被海洋所环绕的半岛和岛屿。以挪威微缩景观为例进行介绍。

（1）木板教堂　见图2-255。

（2）木板民居　见图2-256。

2. 俄罗斯微缩景观

东欧地区主要是指前苏联的欧洲部分，以平原为主，气候多为温带、寒带大陆性气候，夏季凉爽、冬季寒冷。以俄罗斯微缩景观为例进行介绍。

■ 图2-256　木板民居

（1）俄罗斯冬宫　见图2-257。

（2）教堂　见图2-258。

图2-257　俄罗斯冬宫（深圳）

(a) (b)

图2-258　彩色葱头建筑的教堂

（3）莫斯科红场　见图2-259、图2-260。

■ 图2-259　莫斯科红场（北京）

■ 图2-260　莫斯科红场（辽宁）

（4）俄罗斯民居　见图2-261、图2-262。

图2-261　教堂与民居（深圳）

图2-262　俄罗斯民居（西安）

第五节　其他各洲经典名胜微缩景观图解

一、北美洲地区微缩景观

北美洲地区包括加拿大、美国等国，是现代资本主义世界的重要中心之一，也是资本主义经济发展水平最高的地区。自然条件优越，自然资源丰富，人民生活富裕，收入较高，现代洋房随处可见。美国式园林通常是现代园林的代表，它没有固定的样式，一般都栽植棕榈科植物，采用彩色花岗岩或彩色混凝土预制砖做铺地材料，嵌草布石，可设置彩色的景墙，如拉毛墙、彩色卵石墙、马赛克墙、自由式水池与现代喷泉等。也有古典与现代结合的园林，它常设置木制平台、肾形水池、草坪、自然式灌丛、花境、棕榈科植物、规则式道路等，为美国早期殖民样式。

1. 美国微缩景观

（1）美国国会大厦　见图2-263。

（2）曼哈顿建筑群　见图2-264、图2-265。

图2-263　美国国会大厦（深圳、北京）

图2-264　曼哈顿建筑群

图2-265　曼哈顿建筑群（深圳）

（3）美国民居　见图2-266。

（4）美国现代景观　见图2-267 ~ 图2-270。

图2-266　精致的园路铺地，整齐有序的花带、草坪，与民居住宅相得益彰（云南）

图2-267　圆亭与景廊（沈阳）

图2-268　自由女神像

图2-269　华盛顿纪念碑（北京）

图2-270　美国四巨头雕像（深圳）

2. 加拿大微缩景观

见图2-271、图2-272。

3. 美洲印第安人村落景观

见图2-273、图2-274。

■ 图2-271　加拿大月亮花园别墅（深圳）

■ 图2-272　加拿大月亮花园水体及微缩雕塑（深圳）

■ 图2-273　印第安人民居（深圳）

■ 图2-274　标志景观柱

二、拉丁美洲地区微缩景观

拉丁美洲地区包括中美（墨西哥）和南美（哥伦比亚、巴西、秘鲁、智利、玻利维亚、阿根廷等），以玻利维亚庭园特色为例进行介绍。

1．墨西哥微缩景观

见图2-275、图2-276。

■ 图2-275　卡斯蒂略金字塔（深圳）

■ 图2-276　塔欣壁龛金字塔（北京）

2. 巴西微缩景观

见图2-277。

3. 玻利维亚微缩景观

见图2-278、图2-279。

■ 图2-277　巴西议会大厦

■ 图2-278　太阳门入口，水池、雕塑与景墙

■ 图2-279　民居（辽宁）

三、大洋洲地区微缩名胜景观

大洋洲地区包括澳大利亚、新西兰等国，属热带海洋性气候，雨量充沛、森林茂密，资源丰富，空气清新，具有神秘色彩。

1. 澳大利亚微缩景观

（1）悉尼歌剧院　见图2-280、图2-281。

（2）悉尼铁桥　见图2-282。

图2-280　悉尼歌剧院（深圳）

图2-281　悉尼歌剧院（北京）

图2-282　悉尼铁桥

（3）经典景观　见图2-283。

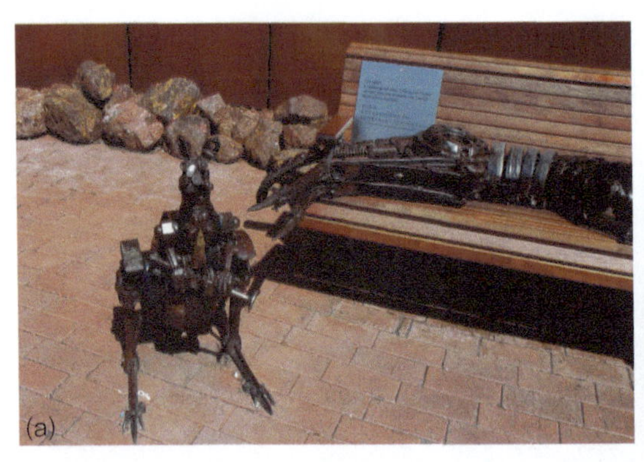
(a)

(b)

■ 图2-283　袋鼠（上海、西安）

2. 新西兰微缩景观

见图2-284、图2-285。

■ 图2-284　毛利草屋（北京）

■ 图2-285　新西兰民居（西安）

四、非洲地区微缩景观

非洲地区包括北非（埃及、摩洛哥、突尼斯）、东非（坦桑尼亚、肯尼亚）、南非（赞比亚、南非共和国）、西非和中非等，以肯尼亚庭园特色为例进行介绍。

1. 埃及微缩景观

（1）金字塔　见图2-286。

■ 图2-286　埃及塔群（深圳）

（2）卡纳克神庙与神殿　见图2-287、图2-288。

（3）亚历山大灯塔　见图2-289。

图2-287　卡纳克神庙

图2-288　阿布·西姆贝尔神殿（北京）

图2-289　亚历山大灯塔

2. 肯尼亚微缩景观

（1）野生动物园　见图2-290。

■ 图2-290　野生动物园

（2）肯尼亚民居　见图2-291、图2-292。

■ 图2-291　四柱双坡蓝顶园门，绿篱与波浪形围栏，草坪上菱形片植花卉

■ 图2-292　两组蓝色小木屋，作为庭园的构图中心，并以洒金柏绿篱分隔（辽宁）

3. 非洲民居微缩景观

（1）非洲民居（深圳）　见图2-293、图2-294。

■ 图2-293　非洲民居

■ 图2-294　表征景观

（2）非洲部落（北京） 见图2-295 ~ 图2-299。

■ 图2-295 入口

■ 图2-296 民居

■ 图2-297 单支柱茅草亭

■ 图2-298 单面茅草廊架

■ 图2-299 演艺场景观柱

第三章 园林模型制作基础

第一节 园林模型制作准备

一、园林模型制作的特性

园林模型是将园林中的山石、水体、道路、广场、植物及景观小品等用各种材料，按一定比例表现出来的三度园林空间实体。千姿百态的园林绿地从整体来看错综复杂，制作模型时无从下手，但如果把它们分解开来看，无非都是由山水地形、园路广场、植物、建筑及景观构筑物等基本要素所构成。如何把这些景物做得完整、准确、形象并不是一件轻而易举的事情。园林设计人员具有艺术修养、绘画技能，熟悉植物品种和环境，只要掌握一些基本的制作方法，并按一定的次序逐一制作，就能避免产生零乱、返工等现象，从而制作出好的园林模型来。

1. 制作步骤

（1）制作基座　模型的基座要根据图纸的尺寸和比例预先用木板或三合板制作，其边框的高矮应视模型中地形的高低来确定。

（2）制作地形　在基座的底板上标明各地形（如山体、水面、道路、广场等）的位置，然后分别用各自的材料制作。

（3）制作园林建筑与小品　如房屋、茶室、亭廊、花架、雕塑等。

（4）制作园林植物　如草地、绿篱、花卉、色带、树木、密林等。

（5）添加模型名称　指北针、比例尺、设计单位全称等。

制作时应注意，先地面后地上，先大部件（如建筑物）后小部件（如树木、雕塑、桌椅等）。

2. 方法与技巧

（1）工具配备　制作园林模型的工具配备不需太多，应小巧、多用途，尤其要避免使用大型机械。通常除必备绘图用具和量具之外，只需配电烙铁、小锯、工具刀、小镊子等即可。

（2）材料选择　模型的直观效果与材料有一定的关系。材料牵涉到模型对象的质感，选择不当或使用不当往往影响模型的效果。因此，必须根据制作对象的特征“因物选材”。如同为树木，针叶树叶片小，树冠结构紧密，用小孔海绵制作较好；阔叶树叶片大，树冠结构疏松，用大孔海绵制作更为逼真。也可购置各种树粉、草坪粉直接使用，更为方便。

（3）粗坯制作　这是模型制作的基础阶段，包括放样、切割、定型等。要严格把握好尺寸、大小关，力求下料准确无误，形体加工精细整齐。如：行道树的制作，不能一个一个地来下料，而应根据所需的数量和模型的比例大小统一下料，集中制作，这样才不会出现参差不齐的现象。

（4）着色装饰　着色装饰要注意选色恰当、配色正确、染色细心。树木的叶色因树种、树龄、季节的不同而有差异，特别是有季相变化的落叶树种，其叶色的变化更是丰富多彩。因此，制作时可以这样来考虑。第一，以最能体现植物美的季节色为选色标准，突出其个性。如以秋景为主的植物群落中，枫香、黄栌、五角枫等树种，秋季叶色变红，为树木的最佳观赏期，制作时可采用红色调；而栾树、银杏、悬铃木等为秋季黄叶，可采用黄色调。第二，对树种大体分类，注意整体效果，不求个体细节。如针叶树叶色大多为翠绿或暗绿色，而阔叶树大多为草绿色或黄绿色。虽说当中也有一些个体差异，但不必过细追究，以免产生杂乱无章的效果。第三，色液一次配好、配足（宁多勿少），同一色调的植物模型（如草地、阔叶树等）统一染色，不可染一点配一点，一次配好可减少一些不必要的色彩变化偏差。

（5）粘接固定　这是模型制作的最后阶段。用白乳胶、万能胶、浆糊或大头针将各模型配件固定在相应的位置上，并反复将模型翻过来倒几次，检查各部件是否插好、粘牢，做最后修订完成。

3. 项目的确定

项目确定阶段主要是确定所做模型的设计图纸。在学校中进行该项训练时，模型项目有两种来源，第一种是受开发单位或业主委托，结合教学实践操作；第二种是自选模型项目进行制作。

（1）受业主委托项目的确定　受业主委托的项目一般会有设计图纸或者建成的成品，无论哪种形式的委托制作业务，都要有模型的平面图、立面图和剖面图。业主提供图纸的项目会比较好确定制作内容；如果景物已建成，只有平面图或什么图纸都没有的情况下，模型的设计制作者可以用测量或参阅图片的方法来取得平面图和立面图，也可到实地对景物进行拍摄，并通过推算画出模型的平面图和立面图。

（2）自选模型项目的确定　自选项目有两种，一种作为有助于园林设计进行深入构思的辅助模型，另一种是依据园林中景物建成前或建成后的图纸来制作的模型。

模型制作有助于园林设计的深入构思。园林设计的构思发展，是指产生、推敲、完善等创造性设计思维的全过程。依据园林设计来制作模型，有助于原始设计构思的推敲和修改，使各种有关的设计因素，如功能与形态、整体与局部、整体与环境的关系以及单元组合方法、高与宽、色彩和材料的关系等得到更加合理的安排。如自己寻找模型设计图纸作为模型制作训练，首先要搞懂任务景物的功能、形态、结构、材料，还要分清功能与形态、功能与结构、功能与材料以及建筑与环境的关系等。另外，还要校正平面图和立面图的尺寸。

二、园林模型制作的原则

1. 合理地选择造型材料

传统的模型制作主要成型于黏土或木质的块体，较精确的模型常常采用塑料真空成型，或用聚酯加强纤维在模具中成型，这些成型方法都极为耗时和耗资，同时需要大型加工设备、专用的工具和加工经验，常要经过的加工工序包括塑造、翻模、成型、修整与修补、打磨与抛光，涂上封闭物或底漆，表面着色上漆。所以在模型制作中根据不同的设计需求选择相应的模型制作材料是极为重要的。

（1）黏土、塑料和聚酯　黏土一般不能作为一种结构性模型材料来使用。塑料和聚酯模型需要大量的时间，而且需要许多设备和较大的费用投入。这通常意味着一旦模型制作完成后，设计师就不容易再做任何改动，尽管有时这种改动和调整是必要的。

（2）纸和硬纸板　这两种材料较易寻找，便于加工和造型处理。同时，对工具的要求也比较简单，不需要专门的工作场所，可以在任何操作台或小的切割板上完成。纸对于草模型或研讨性模型是一种理想的材料，相对于其他材料，它能被剪刀剪切和被快速粘接，在许多情况下它是最能快速操作的介质。纸又是成品材料，不需磨光，易于表面着色或其他后期处理，纸同时也是一种有多用途的介质，以纸来进行设计和制作模型，其表现的可能性是无限的。纸可以被成型为极轻巧的对象，如风筝、饰物、艺术品，或用来建造大型结构，如包装和家具。纸虽薄却有强度，一个简单的折就可以将纸变成结构性材料。它的这种属性往往能够准确描述出设计中结构的缺陷。尽管纸有各种不同的质量，但它的应用范围还是有限的，不可能适用于所有类型模型的制作。

（3）泡沫塑料、塑料薄板　能够满足廉价、省时、省材、省力的模型材料还包括泡沫塑料、塑料薄板。同时这些材料质量轻，容易进行加工处理，也相对便宜，只需适当的设备就能进行加工。当今发泡材料日益为设计师所青睐，其最大的优点在于允许设计师塑造大型的物体，在塑造大型块体的成型过程中替代了需要耗费大量时间、运用大型加工设备的木材、黏土等材料而成为新型的造型材料。

2. 考虑造型的比例

模型材料和模型比例之间的选择有着严格的关系。因此，除非所制作的对象实体体积非常小，对比例不加考虑外，模型的材料与比例必须同时进行考虑。

（1）大型模型选材　纸材对于大型模型来说并不是首选材料，尽管在模型内部可以设置结构框架，但最终还是会扭曲变形。相反泡沫塑料对于塑造大型产品形态来说则非常适合，塑料则更适合于制作各种比例的表现性模型。

（2）小型模型选材　当选择一种比例进行制作时，设计师必须权衡各种要素，选择较小的比例，可以节省时间和材料，但非常小的比例模型会失去许多细节。如1：10的比例对一个厨房模型来说恰到好处，但对于一把椅子来说就显得太小了。所以谨慎地选择一种省时而又能保留重要细节和反映模型整体效果的比例，是非常重要的。

如果可能的话，在模型制作中应按照1：1选择与实际尺寸相符的比例，因为对于一个新的设计，原大尺寸的形体能使设计师从整体上更好地把握设计形态的准确性。

3. 考虑造型的形态

选择材料最重要的目的，是要使设计的形态形象化、具象化。但往往令人惊奇的是，在设计师脑海里设计的形象化要比纸上谈兵直接得多。

（1）方案模型选材　因为在设计过程的早期阶段，许多设计的细节在设计者的脑海中并未完全形成。设计者只需构造出一个大概的雏形和若干有寓意的细节即可，比如各种中心尺寸和功能构件。但考虑这些构件的材料与细节对于构造一个模型来说都是非常重要的。

（2）展示模型选材　制作一个有着尖锐边角的方形和表面有着大量图纹装饰的形态，就应该选择以纸来进行制作，其细节可以选用现成的物品和带图案的纸材来装饰。如果设计的对象有各种各样半径的圆形倒角或柔和的曲线形态，那么用泡沫塑料或其他如油泥等可塑性好的材料就比纸更为适合。各种椅、桌的比例模型可以用塑料棒材或管材与纸材料进行组装。对于以线材为主的设计，各种直或弯曲的管材和棒状物都可以用来加工和组装成模型。

4. 考虑造型的色彩

模型制作还应考虑的与最终产品的外观有关的因素便是色彩，这点从模型制作的一开始就必须以最终的设计效果为目标进行恰当的选择。选择某种符合最终表面设计需求的材料，或选择一种符合色彩要求的材料可以节省大量的设计与制作时间。

（1）常规色　黑与白两种颜色对于模型来说是优先选择的颜色。因为如何选择恰当的颜色永远是一个敏感的问题，更何况在展示一个新的设计时更是如此。通常认为黑、白、灰不代表真实的颜色，所以这三种色彩对模型评价的影响是有限的，更何况它们极为容易与其他颜色搭配，同时可以在模型制作时达到省时、省工、省材料的功效。

（2）特殊色　某一些色彩会引起与设计意图相反的心理反应（例如，有些人不喜欢黄颜色，还有些人厌恶蓝紫色）。对于一个上了颜色的模型来说，如果设计仅仅就因为色彩问题而被人拒绝总是一种很遗憾的事情。

5. 考虑造型的真实性

模型外观的真实性取决于多种不同的因素，其中重要的是模型的质地、不同材料的选择、时间与精力的投入。

（1）质地　首先要考虑的是模型材料的质地。很显然，一个表现性模型，要比一个用于设计过程研究所用的研讨性模型需要更高的真实性。虽然有些模型并不需要严格真实的表面特征，就能够从模型所表达出的形态特征上理解其设计的内在寓意，但材料与真实性仍然有着直接的关系。例如，极其真实的模型除了球形之外都可以由纸来构造。木材、金属和塑料的质地也能给模型以相当高的真实性，但是要用泡沫材料来塑造一个真实度很高的模型几乎是不可能的。

（2）整洁　根据以上所述的模型真实性的价值，如果对一个模型真实性所需的时间超过它的所得，可适当地牺牲一些真实性。为了得到一个雅致的模型，质地和整洁这两点是非常重要的。一旦选定了材料的种类、比例和将要达到的真实程度，就必须坚持将它们贯穿于模型制作的始终。

（3）坚持　在模型制作的任何阶段，随意改变主意往往会导致制作的失败。当制作工作开始后，随意改变材料、比例或试图增、减真实性的要求都会增加许多额外工作量，甚至最终成为一个结构丑陋的模型。在制作过程中，若意识到选错了材料，比例过大或太小，可以仍然锲而不舍地做下去，不要半途而废。或者按原先想法将它完成，然后从中吸取经验，再做一个新的。

三、设计图纸的准备

1. 图纸的取得

要做模型的园林景观在取得图纸的问题上，往往有以下三种情况发生。

① 未建成图纸的取得。对于未建成的园林，必定是正在规划与设计中的，因此，只需要向规划与设计部门索取正式图纸即可。如果是单体建筑，则需要全部的平、立、剖面图纸；如果是园林群体景物，就要有规划总平面图、立面图和效果图。

② 园林已经形成，但只有平面图没有立面图。遇到这种情况，只能对景物实地拍摄取得立面图。如果实地拍照无法做到全面，也可以拍照一面再加局部，以搞清楚景物效果，而且应以拍片最少为原则。

③ 园林景观已经形成，但什么图纸都没有。在这种情况下，解决立面图的办法也必须

通过拍照，而解决平面图则可以通过“图解导线”的测量方法进行实地测量或者请测绘单位帮助解决。

2. 透视效果图与模型

透视效果图的任务是将三维空间的物体以平面的二维形式加以再现，借此清晰地表达设计构想中的景物效果，这是整个设计活动中将构想转化为可视化形象的第一步，对模型制作具有直接的指导作用。

（1）透视效果图的表现技法　这种技法很多，与其他艺术表现形式有所区别，模型以此作为参考的主要目的是要正确反映景物的形象。由于设计与制作紧密相联，透视效果图的制作必然牵涉到模型的制作技术问题。如果透视效果图中出现了透视错误或透视比例失调，则很容易误导其他参与设计与评价的人员，从而造成设计沟通上的障碍。用于模型制作的透视效果图的表现，一般只要透视比例准确，能够正确反映设计思路即可。其表现的形式围绕设计进度有两种方法，即设计草图与精确效果图，这两种不同的表达方式对设计过程与模型的制作有着不同的作用。

（2）草图的作用与优点　即在设计展开阶段能够快速表达与推敲设计构想，侧重产品的外观造型、功能结构及整体形态与局部等的和谐关系，对创意构想的发展与深入起到了积极的作用。在设计构思过程中，草图与草模如同一对孪生的姐妹。草图用于表达设计构想，草模用于检验设计思路。通过从草图到草模又从草模到草图的不断反复推敲与修改，才能使设计逐步走向完善。可见，草图一开始是把发散性的设计构想表达出来，而当与草模结合进行推敲设计后，草图又在草模制作推敲过程中起到了发现问题的作用，能够有目的地完善设计创意。所以，草图的目的不是艺术表现，而应是充分针对设计进行发散性构想与发现问题，将不断完善的设计构想严谨、清晰地表现出来，为下一步的设计完善提供开阔的思路。草图绘制方法可概括为三大类，即线描草图、素描草图和淡彩草图。在设计表达的过程中，无论采用何种方法，其关键在于能否清楚地反映设计思路，否则就失去了表现的意义。

（3）精确效果图的作用与优点　这是相对草图而言的，它使设计构想与设计思路更易于传达和交流，并为后期精确模型的制作提供了直观而可视的参考。随着计算机应用平台的普及，精确效果图的表现方式已不再局限于传统的手绘表达，而更多是应用计算机三维图形设计软件进行绘制。强大的三维图形设计软件由数据支持来绘制形态，其可视化的艺术效果比传统绘制的效果更具真实性。目前，常用的三维绘图软件有3D MAX等。

值得注意的是，计算机虽然绘制图形的功能强大，但是计算机毕竟不是人脑，设计方案的创意还是来自设计师自己。而且，三维绘图软件制作设计形态的程序比较复杂，修改不便。所以，在通过设计草图与设计草模对设计方案进行推敲基本完善之后，再用计算机绘制效果图会比较好。精确效果图的绘制要尽可能地体现出设计的成熟性。

3. 模型投影图的应用

模型投影图，是在设计的形态与结构确定后，按设计的要点进行的景物不同面的投影分析。模型投影图对理解设计与正确制作模型具有直接性的帮助。由于模型形态各部分的结构、功能、材料、技术以及使用、生产、安装方式等方面的不同，在进行设计时必须从投影图中读得相关数据。

每个物体的尺寸与结构、材料与细节处理都可以从投影图里得到，为后期模型的制作以及真实反映设计的可行性提供了帮助。制作人员可以根据三视图中准确的各个立面的尺寸，按模型制作大小的要求进行尺寸比例放样和加工。对于一些较复杂的模型还可以根据图纸绘制按比例分解图来放样加工，从而使所表达的模型效果更具真实感。

4．园林工程图的应用

工程图是园林工程通用的专业绘图语言，园林里面的很多建筑物和小品都需要详细的施工图来指导制作，地形中的处理也需要进行土方和剖断面的分析。工程图的绘制有其严格的规范和法则，这对于模型制作的准确放样不可或缺，但考虑到模型的比例问题，有些细节则不必过分严格。

四、模型制作前的设计构思

模型制作的设计构思包括比例和尺度的设计构思、形体的设计构思、材料的设计构思和色彩与表面处理的设计构思共四部分内容。构思包括建筑物与配景的做法、材料的选用、底台的设计、台面的布置、色彩的构成等。

1．比例和尺度的设计构思

在确定模型沙盘的尺寸大小之前，首先要确定下列几个指标，即模型展示场地的大小布局、参观者的动线、模型的数量、模型摆放区域的大小以及入口大门的高度和宽度等。大模型可能会被分成两块以上，最简单的办法就是对照上述几项指标在三维空间中大致模拟出所希望的模型大小；用该尺寸去除模型实际要表现的用地的大小，即得到了比例尺；再用该比例尺去推算模型的大小，这样一来就能有大致的概念；最后，把比例尺调整到一个整数，表现范围也做相应取舍，就得到了确定的模型沙盘的尺寸大小及比例尺。

（1）模型比例　有些经验不足的制作商，没能事先提醒客户，在较大规模的模型制作完成后才发现在运输、进门等方面存在问题。因此一般说来，模型的一边应尽可能地控制在1.8m以内，否则就要切块或适当调整表现内容。此外，不需布展的模型可以不考虑场地因素，那么其比例一般根据模型的使用目的及模型面积来确定。比如，单体建筑及少量的群体景物组合应选择较大的比例，如1：50、1：100、1：300等；大面积的绿地和区域性规划应选择较小的比例，如1：1000、1：2000、1：3000等。

（2）模型尺度　确定尺度要遵循“比较而大、比较而小”的原则。模型里的大和小是通过比较而来的，大并非是体量上绝对的大，只有拿生活当中最常见的参照物来比较才能得到答案。特定景物在等比例关系空间里做得太大或太小，还会产生和周边路网衔接不上、和其他建筑的位置关系无法确定等问题。有的客户要求“夸张”无限，把建筑做大，把地形做陡，实际上这样一来会导致总体比例的失调，增强表现范围的局促感。就像一个练健美的人光是大腿强壮了还是不美，所以说，尺度均衡了才是美。

2．形体和材料的设计构思

（1）形体　真实的园林景物在缩小后会产生一定的视觉问题。一般来说，采用较小的比例制作而成的单体模型，在组合时往往会有不协调之处，应适当地进行调整。例如，有的甲方总想把模型做得细而又细，这在以前由于技术的局限有时想细也细不下来，现在随着电脑雕刻机的运用这已不是问题。苏州园林里的雨篦子很漂亮，但在模型上如法炮制的话就会让人眼花缭乱，因此，模型中的再设计或是修正有时是非常必要的。

（2）材料　园林中的景物是非常丰富的，在制作模型之前要选择好相应的材料。这就是说，应根据园林设计的特点，选择那些能够进行景物仿真的材料。当然，在选择材料的时候，既要求材料在色彩、质感、肌理等方面能够表现园林景物的真实感和整体感，又要求材料具备加工方便、便于艺术处理的品质。

3．色彩与表面处理

（1）色彩的表现　在诸多因素中色彩构成是最关键的。虽然建筑模型不是绘画，但它同样是艺术海洋里的一朵浪花，给人一种美的享受。色彩的表现，是指在模拟真实园林环境的基础上，模型师要不遗余力地利用手中的材料发挥出造型艺术和色彩艺术的魅力。为此，要注意视觉艺术、色彩构成的原理、色彩的功能、色彩的对比与调和以及色彩设计的应用；要掌握好原色、间色和复色之间的微妙差别；更要处理好色相、明度和色度的属性关系。在不违反色彩共识性法则的前提下，要灵活掌握和处理好模型的色彩。

（2）外表的处理　要表达出模型外观色彩和质感的效果，需要进行外表的涂饰处理。对模型进行涂饰不但要掌握一般的涂饰材料和涂饰工艺知识，更应该了解和熟悉各种涂饰材料及工艺所产生的效果。从经济和实用的观点来看，对模型的涂饰只要求在视觉上的效果近似于真实环境。对模型表面处理的材料而言，可以利用各种绘画颜料和装饰纸。涂饰工艺主要采用贴饰和喷涂。

第二节　园林模型常用工具

一、测绘、测量工具

在园林沙盘模型制作过程中，测绘工具是十分重要的，它直接影响着园林沙盘模型制作的精确度。一般常用的测绘工具见图3-1 ~图3-4。

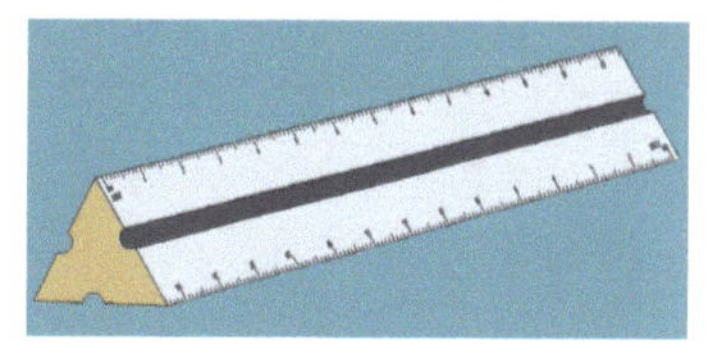

图3-1　三棱尺（比例尺）

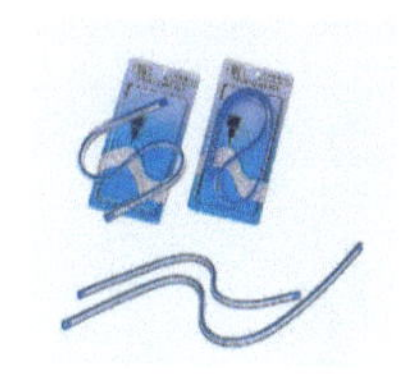

图3-2　蛇尺

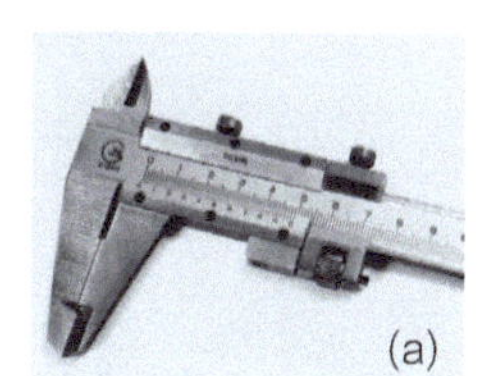

图3-3　游标卡尺

图3-4　模板尺

1. 尺类

（1）三棱尺（比例尺）　是测量、换算图纸比例尺度的主要工具。其测量长度与换算比例多样，使用时应根据情况进行选择。

（2）直尺　是画线、绘图和制作的必备工具。一般分为有机玻璃和不锈钢两种材质，其常用的长度有300mm、500mm、1m或1.2m几种。

（3）三角板　用于测量、绘制平行线、垂直线、直角与任意角的量具，一般常用的是300mm。

（4）弯尺　是用于测量90°角的专用工具。尺身为不锈钢材质，测量长度规格多样，是园林沙盘模型制作中切割直角时常用的工具。

2. 游标卡尺、蛇尺、圆规

（1）游标卡尺　是用于测量加工物件内外径尺寸的量具，同时，它又是塑料类材料画线的理想工具。其测量精度可达 ±0.02mm。一般常用150mm、300mm两种量程。

（2）蛇尺　是一种可以根据曲线的形状任意弯曲的测量、绘图工具，尺身长度为300mm、600mm、900mm等多种规格。

（3）圆规（分规） 是用于测量、绘制圆的常用工具，一般常用的有一脚是尖针、另一脚是铅芯和两脚均是尖针的圆规。

3. 模板

模板是一种测量、绘图的工具，它可以测量、绘制不同形状的图案。

具备以上工具基本上可以满足测量、缩放、画线等基本操作。这里应该特别强调注意的是，选择测绘工具时，要注意刻度的准确性。有条件时，可选用一些进口（如宏环、施德楼品牌）测量用具及不锈钢尺等，这样便可以提高测量精度，减少累计误差，避免在实际制作过程中因测量精度不准而引起的返工。同时，模型制作者还应该注意的是，测绘用具和制作工具应严格区分。这样便可以减少因剪裁的磨损而引起直线弯曲、角度不准等问题。

二、剪裁、切割工具

剪裁、切割贯穿园林沙盘模型制作过程的始终。为了满足制作不同材料的园林沙盘模型，一般应具备如下剪裁、切割工具（见图3-5 ~ 图3-8）。

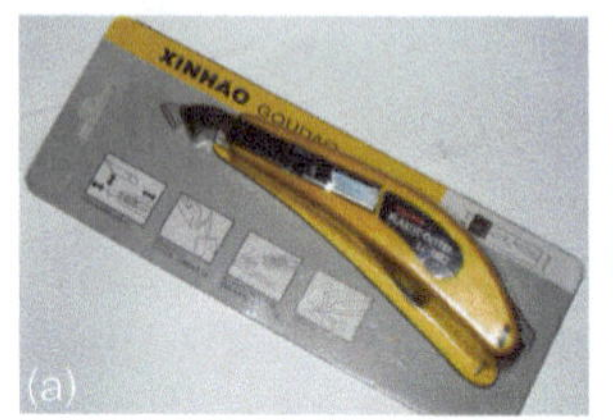

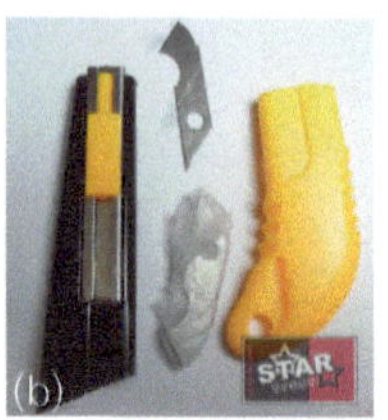

■ 图3-5 勾刀

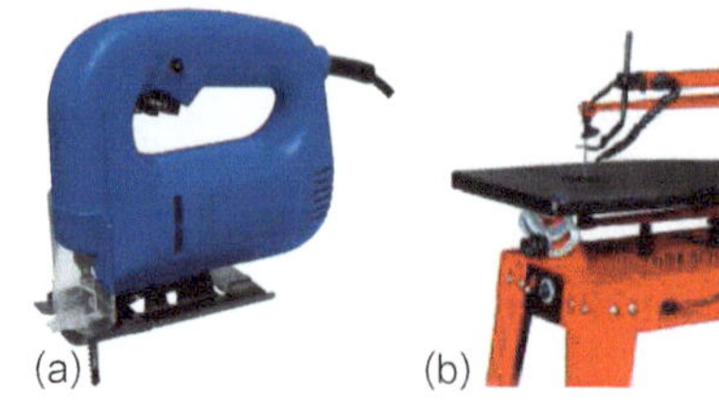

■ 图3-6 电动曲线锯

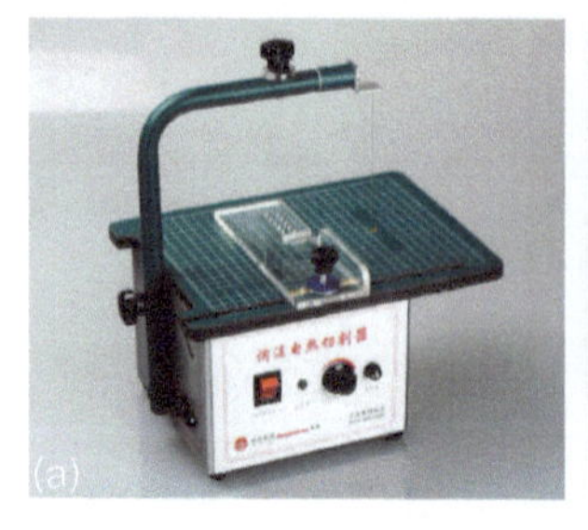

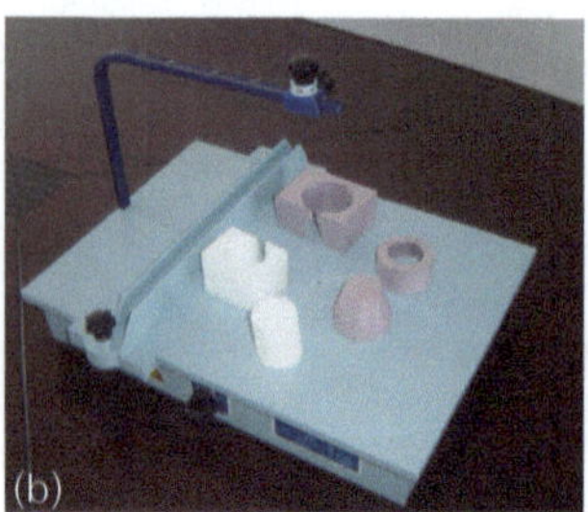

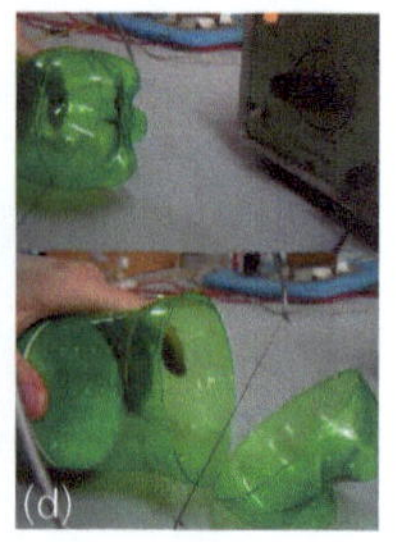

■ 图3-7 电热切割器

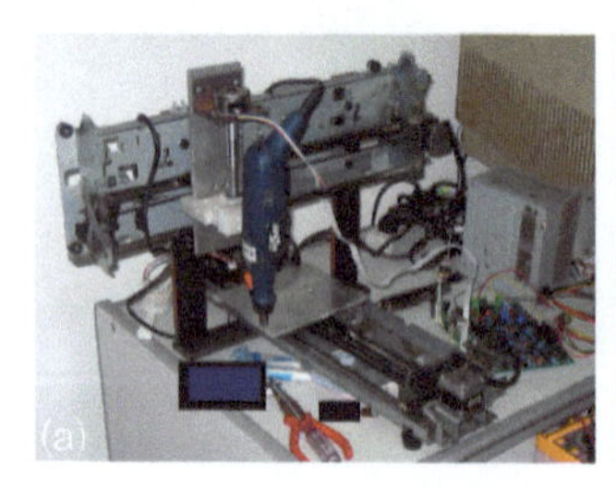

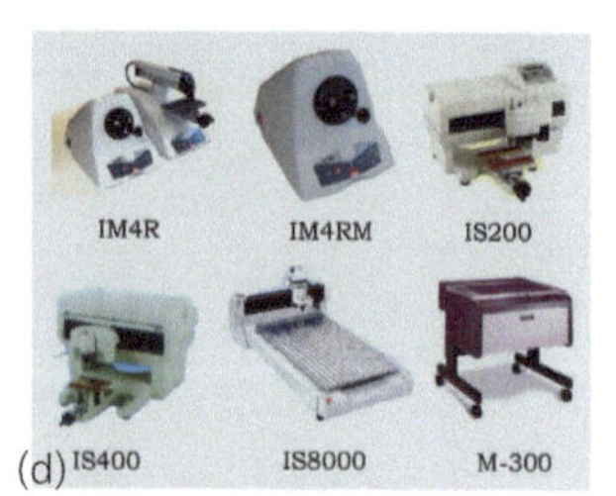

■ 图3-8 电脑雕刻机

1. 刀类

（1）勾刀 是切割塑料类板材的专用工具。刀片有单刃、双刃、平刃三种，它可以按直线和弧线切割一定厚度的塑料板材。同时，它还可以用于平面划痕。

（2）手术刀　是用于园林沙盘模型制作的一种主要切割工具。刀刃锋利，广泛用于及时贴、卡纸、赛璐珞、APS板、航模板等不同材质、不同厚度材料的切割和细部处理。

（3）推拉刀　俗称壁纸刀，它与手术刀的功能基本相同，在使用中可以根据需要随时改变刀刃的长度。

（4）45° 切刀　用于切割45° 斜面的一种专用工具，主要用于纸类、聚苯乙烯类、APS板等材料的切割，切割厚度不超过5mm。

（5）切圆刀　与45° 切刀一样，同属于切割类专用工具，适用的切割材料范围与45° 切刀相同。

（6）剪刀　是剪裁各种材料必备的工具，一般需大小各一把。

2. 锯类

（1）手锯　俗称刀锯，切割木质材料的专用工具。此种手锯的锯片长度和锯齿粗细不一，选购和使用时应根据具体情况而定。

（2）钢锯　是适用范围较广泛的一种切割工具。该锯的锯齿粗细适中，使用方便，可以切割木质类、塑料类、金属类等多种材料。

（3）电动手锯　是切割多种材质的电动工具。该锯适用范围较广，使用中可任意转向，切割速度快，是材料粗加工过程中的一种主要切割工具。

（4）电动曲线锯　俗称线锯，是一种适用于木质类和塑料类材料切割的电动工具。该锯使用时可以根据需要更换不同规格的锯条，加工精度较高，能切割直线、曲线及各种图形，是较为理想的切割工具。

3. 专用设备

（1）电热切割器　主要用于聚苯乙烯类材料的加工。它可以根据制作需要，进行直线、曲线、圆及建筑立面细部的切割。操作简便，是制作聚苯乙烯类园林沙盘模型必备的切割工具。

（2）电脑雕刻机　制作园林沙盘模型的专用设备。它与电脑联机，可以直接将园林沙盘模型立面及部分的三维构件直接一次性雕刻成型，是目前园林沙盘模型制作最先进的设备。但是，由于价格很高很难普及。

三、打磨、喷绘工具

打磨是园林沙盘模型制作的又一重要环节。在园林沙盘模型制作中，无论是粘接或是喷色前都要进行打磨，其精度直接影响到园林沙盘模型构成后的视觉效果。一般常用的打磨工具见图3-9 ~ 图3-13。

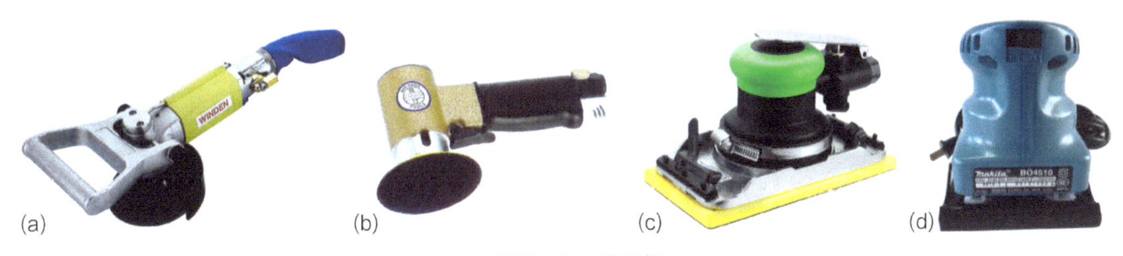

图3-9　砂纸机

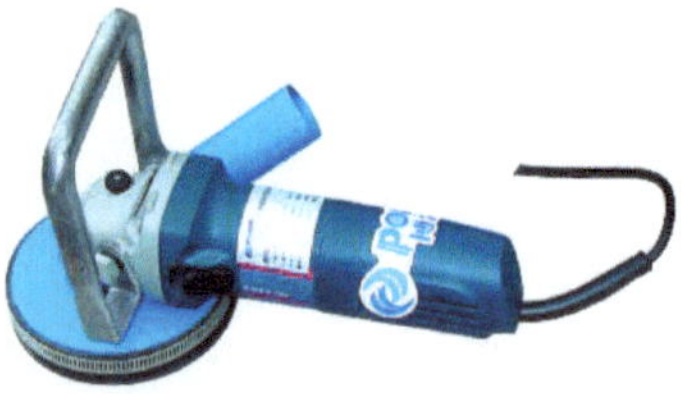

■ 图3-10　磨光机

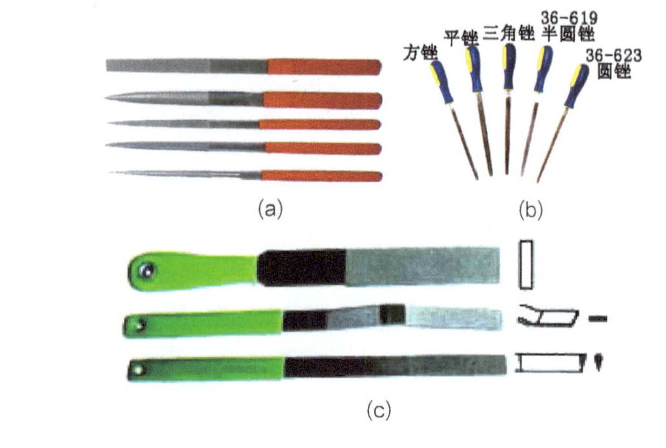

(a)　(b)　(c)

■ 图3-11　组锉（什锦锉）

(a)　(b)　(c)　(d)　(e)

■ 图3-12　特种锉

(a)　(b)

■ 图3-13　小型台式砂轮机

1. 砂纸、砂纸机

（1）砂纸　分为木砂纸和水砂纸两种，根据砂粒目数分为粗细多种规格。使用简便、经济，可以适用于多种材质、不同形式的打磨。

（2）砂纸机　是一种电动打磨工具。主要适用于平面的打磨和抛光。该机打磨面宽，操作简便，打磨速度快，效果较好，是一种较为理想的电动打磨工具。

2. 锉刀、什锦锉

（1）锉刀　是一种最常见、应用最广泛的打磨工具。它分为多种形状和规格，常用的有板锉、三角锉、圆锉三大类。板锉主要用于平面及接口的打磨；三角锉主要用于内角的打磨；圆锉主要用于曲线及内圆的打磨。上述几种锉刀一般选用粗、中、细三种规格，其长度以12.7 ~ 25.4cm为宜。

（2）什锦锉　俗称组锉，由多种形状的锉刀组成。锉齿细腻，适用于直线、曲线及不同形状孔径的精加工。

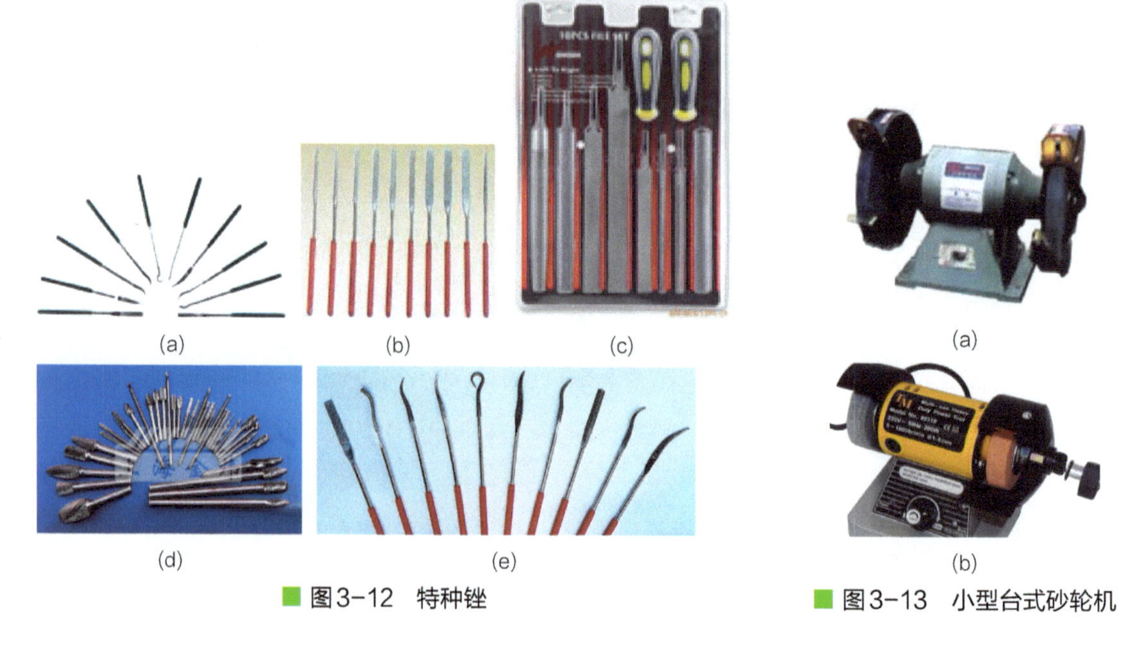

3. 木工刨

木工刨主要用于木质材料和塑料类材料平面和直线的切削、打磨，它可以通过调整刨刃露出的大小，改变切削和打磨量，是一种用途较为广泛的打磨工具。一般常用刨子规格为5.08cm、10.16cm、25.4cm。

4. 小型台式砂轮机

小型台式砂轮机主要用于多种材料的打磨。该砂轮机体积小、噪声小、转速快并可无级变速，加工精度较高，同时还可以连接软轴安装异型打磨刀具，进行各种细部的打磨和雕刻，是一种较为理想的电动打磨工具。

四、辅助工具

辅助工具并不是不重要的工具，相反，近来随着模型制作的发展，原来不常用的一些工具现在经常被用来辅助制作，有时对个性化的制作来讲是必不可少的工具（见图3-14～图3-23）。

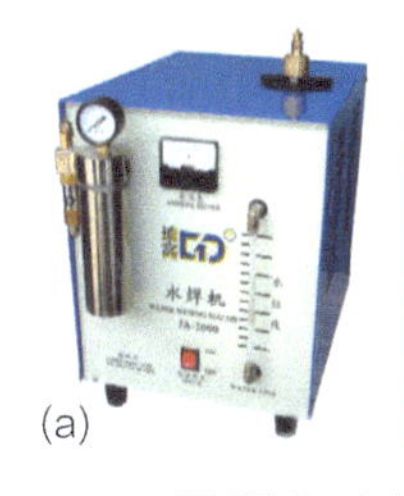
(a)

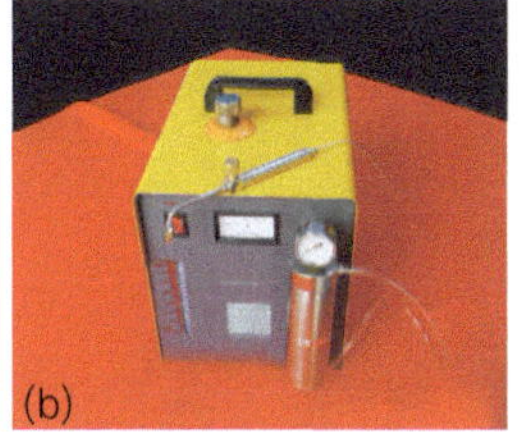
(b)

■ 图3-14　氢氧火焰抛光机

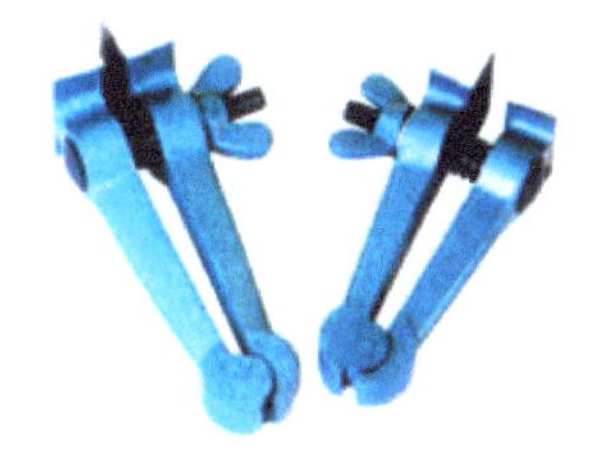

■ 图3-15　手虎钳

■ 图3-16　台虎钳

■ 图3-17　手持电钻

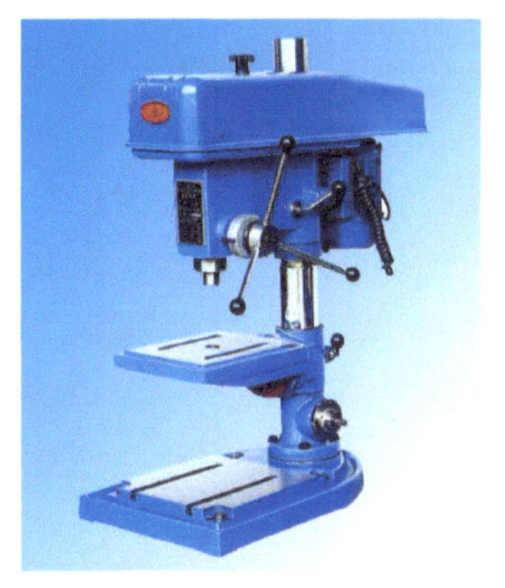

■ 图3-18　台式电钻

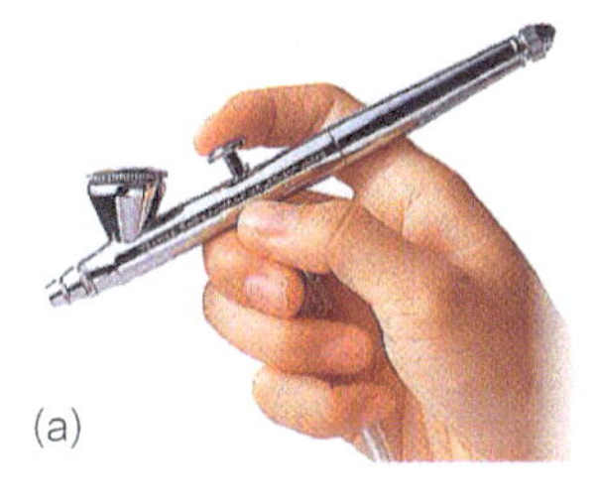
(a)

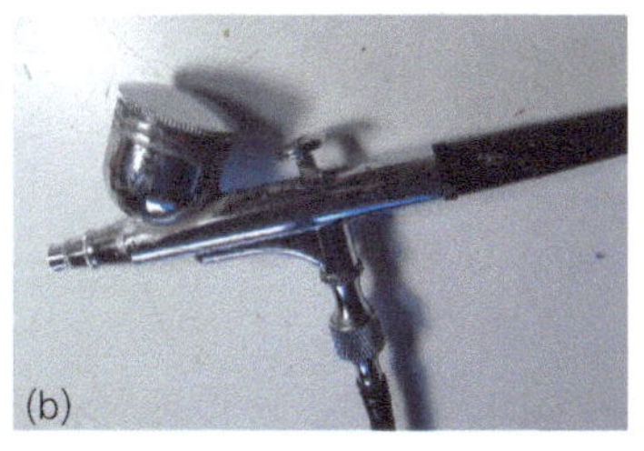
(b)

■ 图3-19　喷笔

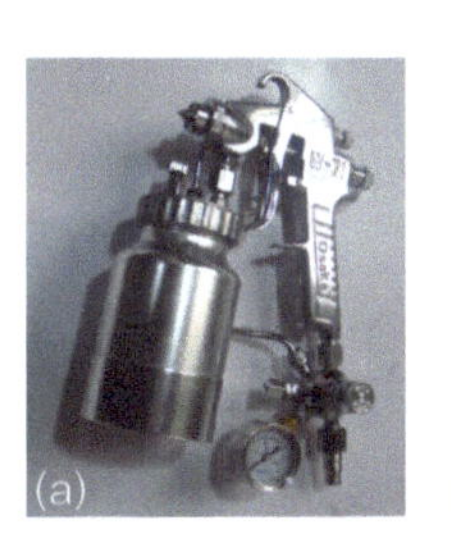
(a)

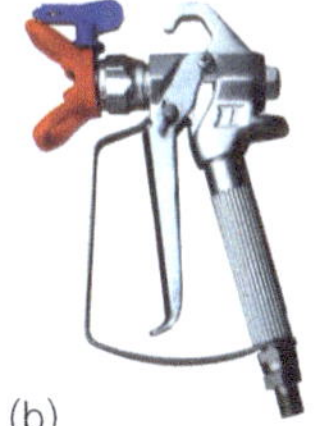
(b)

■ 图3-20　喷枪

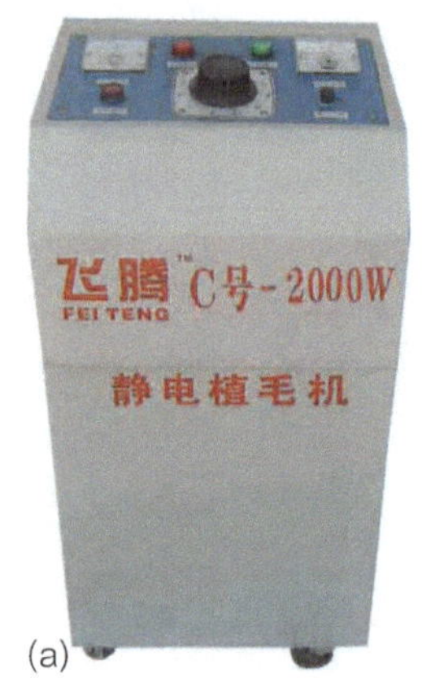

(a)

(b)

■ 图3-21　静电植绒机

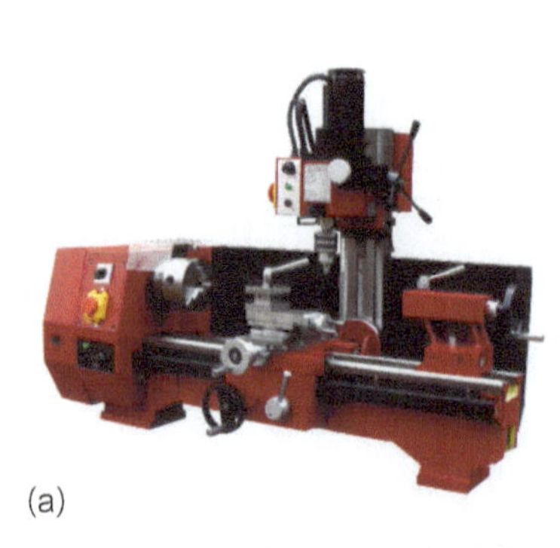

(a)

(b)

■ 图3-22　小型多用机床

(a)

(b)

■ 图3-23　多用手动万能加工机

1. 氢氧火焰抛光机、特制烤箱、电烙铁、电吹风机

（1）氢氧火焰抛光机　专用的对有机玻璃抛光的设备，利用水分解成氢和氧加以燃烧，产生干净的纯焰进行抛光。抛光的质量取决于抛光前的精磨。

（2）特制烤箱　用于对压模变形的有机玻璃、ABS板等进行定时、定温烘烤。

（3）电烙铁　一般分为35W内热式和75W外热式两种，以针对不同情况使用。

（4）电吹风机　理发用电热吹风机可对大块有机玻璃片进行加热或促使某些工件快速干燥。

2. 老虎钳、镊子、锤子

（1）老虎钳　为加工模型毛坯及修理工具等用，大小应根据加工的构件来选用。

（2）镊子　制作细小构件时特别需要镊子进行制作和安装。

（3）锤子　常需准备大、中两把以便用于不同工作使用。模型制作中以橡胶锤为好。

3. 医用注射器、喷枪

（1）医用注射器　粘接有机玻璃片、ABS板需要用三氯甲烷，粘接赛璐珞时需要用丙酮，这两种溶剂极易挥发，如装在注射器内用多少打出多少，十分方便。

（2）喷枪　在喷枪内用稀料调好漆，靠调节气流给模型喷上颜色并制作各种特殊的质感效果，它是最关键的工序之一。

4. 专用工具

（1）静电植绒机　用于大面积铺种草地的设备，使用方便，有双筒和单筒两种。

（2）粉碎机　用于粉碎作用，一般粉碎已染色的海绵，成小颗粒后加工成各种植物、草地。

（3）组合微型加工机　目前市场上见到的一般是奥地利The Cool Tool Gmbh公司生产的产品，分标准型和专业型。在国外多为DIY用途，即自己动手。由于电机功率小，不易伤人，较适用于加工模型上的小异型件，并广泛用于少年科技馆内。

（4）小型多用机床　有些构件相对较大、材质较硬，就要用到小型机床。考虑到方便的因素，组合多功能型用于模型加工较合适。

（5）手动万能加工机　在国外多为DIY用途。有非常多的功能，包括刨、切、钻、磨、刻、雕等几十种用途。电机功率小，不会伤人，一般是被加工体不动，加工机动作，加上软轴后更是用途广泛。

（6）旋转拉坯机　常用来制作建筑模型上的一些构件，有时也用来做成1：1的真实的构件用来研究建筑细部的设计和造型。

（7）小型电窑　用来与旋转拉坯机配套。将塑造成型的软构件放入小型电窑内烧制定型，待一定的时间并在一定的温度下烧烤后取出。

另外，常见工具组合和特置专用工具见图3-24～图3-26。

图3-24　木工手具组合

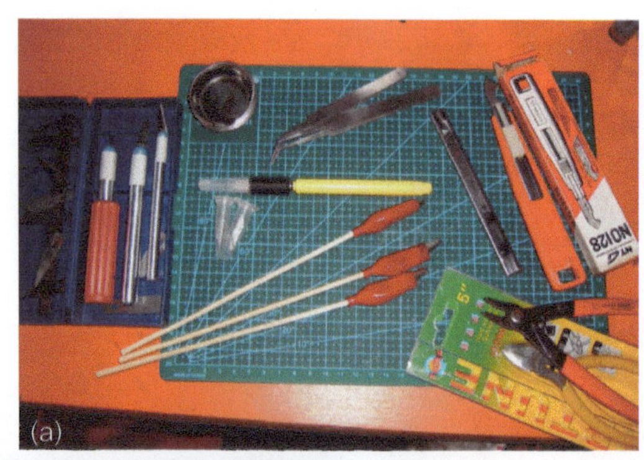

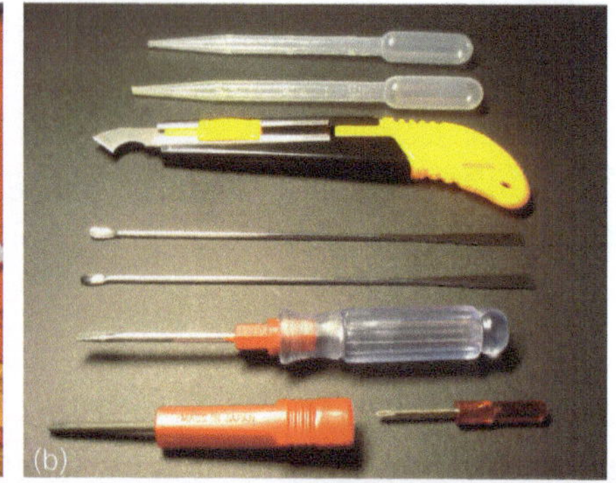

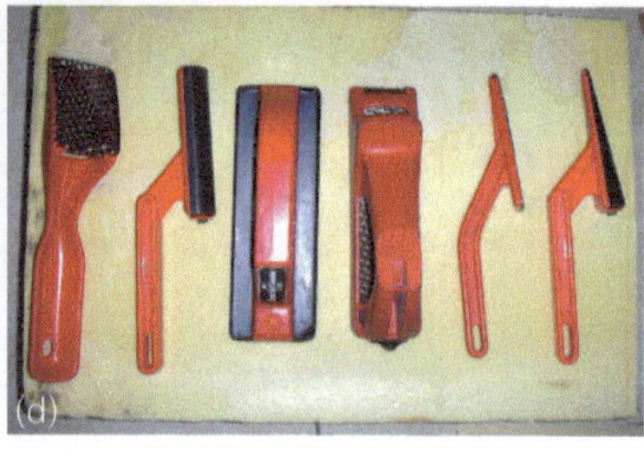

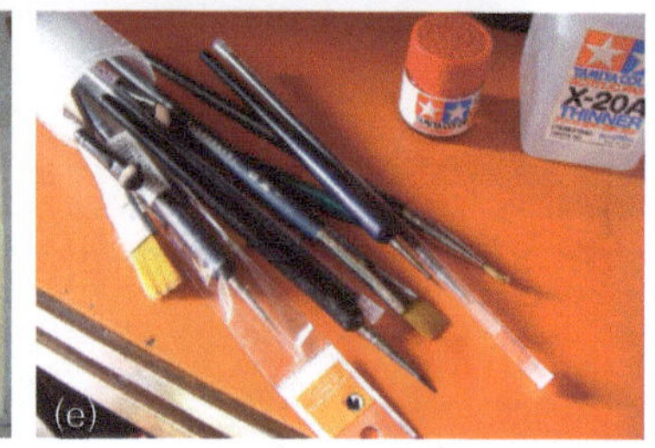

■ 图3-25　组合工具

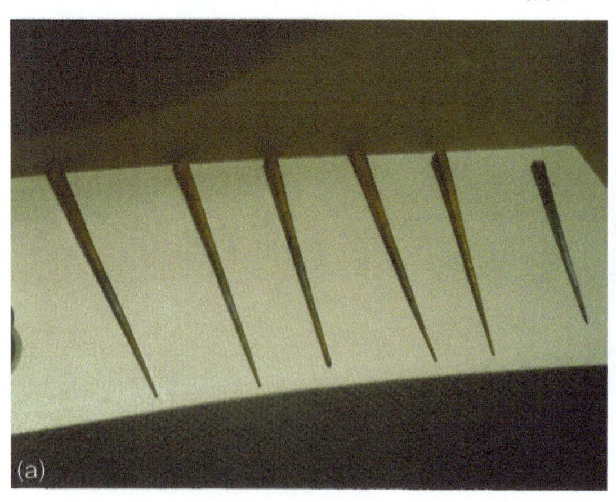

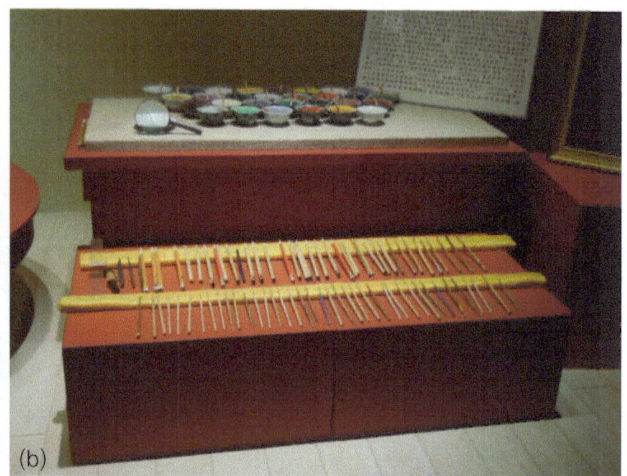

■ 图3-26　藏制沙盘专用工具

■ 第三节　园林模型常用材料

一、主材类

主材是用于制作园林沙盘模型主体部分的材料。一般通常采用的是纸材、木材、塑料材三大类。在现今的园林沙盘模型制作过程中，对于材料的使用并没有明显的界限，但并不意味着不需对材料基本知识的掌握。因为只有对各种材料的基本特性及适用范围有了透彻的了解，才能做到物尽其用、得心应手，才能达到事半功倍的效果。

1．纸板类

纸板是园林沙盘模型制作中最基本、最简便也是被大家所广泛采用的，具有较强的可塑性（见图3-27～图3-32）。目前，市场上流行的纸板种类很多，有国产和进口两大类，其

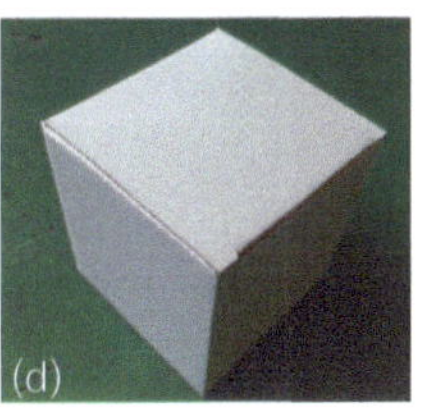

■ 图3-27　白卡纸（绘图纸）

■ 图3-28　厚纸板

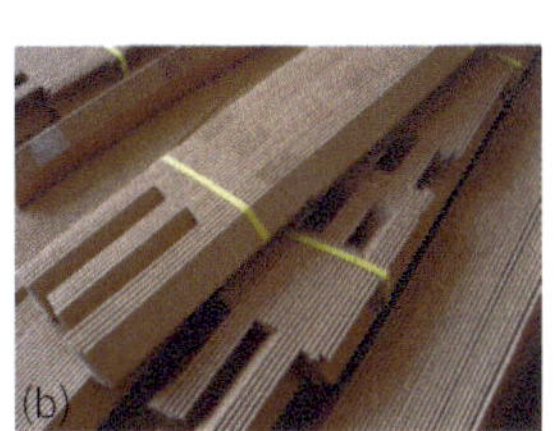

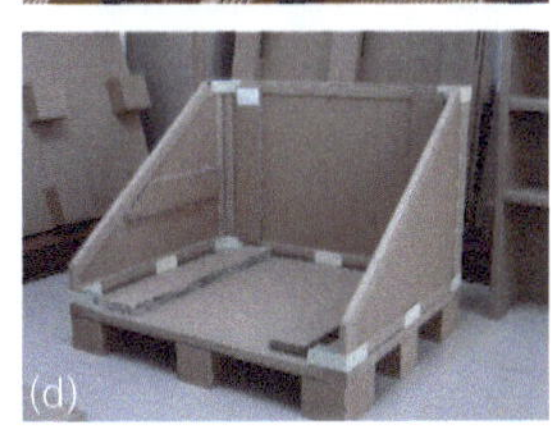

■ 图3-29　蜂窝纸板

■ 图3-30　吹塑纸

■ 图3-31　仿真材料纸

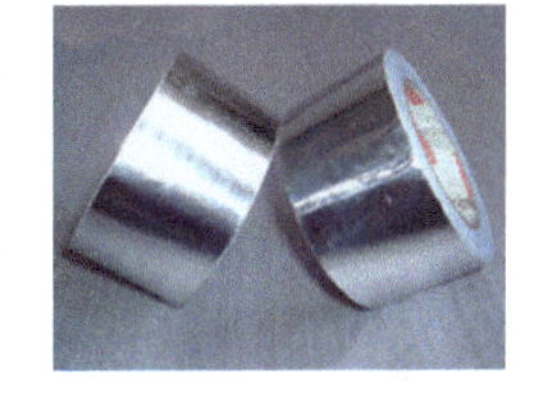

■ 图3-32　锡箔纸

厚度一般常用的有0.5 ~ 3mm。就色彩而言达数十种，同时由于纸的加工工艺不同，生产出的纸板肌理和质感也各不相同。模型制作者可以根据特定的条件要求来选择纸板。

另外，市场上还有一种进口仿石材和各种墙面的半成品纸张。这类纸张使用方便，在制作模型时，只需剪裁、粘贴后便可呈现其效果。但选用这类纸张时，应特别注意图案比例，否则将弄巧成拙。

总之，纸板无论是从品种还是从工艺加工方面来看，都是一种较理想的园林沙盘模型制作材料。

材料优点：适用范围广，品种、规格、色彩多样，易折叠、切割，加工方便，表现力强。

材料缺点：材料物理特性较差，强度低，吸湿性强，受潮易变形，在园林沙盘模型制作过程中粘接速度慢，成型后不易修整。

2. 泡沫聚苯乙烯板

泡沫聚苯乙烯板是一种用途相当广泛的材料（见图3-33 ~ 图3-36）。属塑料材料的一

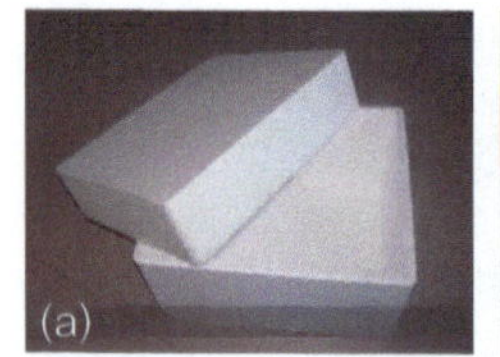

■ 图3-33 泡沫塑料

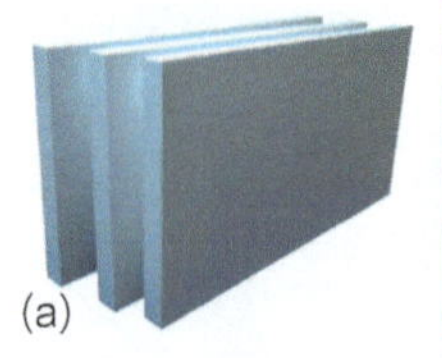

■ 图3-34 聚苯乙烯泡沫板

■ 图3-35 泡沫聚苯乙烯板（棒）

■ 图3-36 聚氨酯硬质泡沫塑料

种，是用化工材料加热发泡而制成的，它是制作园林沙盘模型常用的材料之一。该材料由于质地比较粗糙，因此一般只用于制作方案构成模型、研究性模型。

材料优点：造价低、材质轻、易加工。

材料缺点：质地粗糙，不易着色（该材料是由化工原料制成，着色时不能选用带有稀料类的涂料）。

3. 有机玻璃板、塑料板、ABS板

有机玻璃板、塑料板、ABS板这三种材料一般称为硬质材料（见图3-37～图3-44）。它们都是由化工原料加工制成的，在建筑模型制作中均属于高档次材料。它们主要用于展示类规划模型及单体模型制作。

■ 图3-37 有机玻璃板

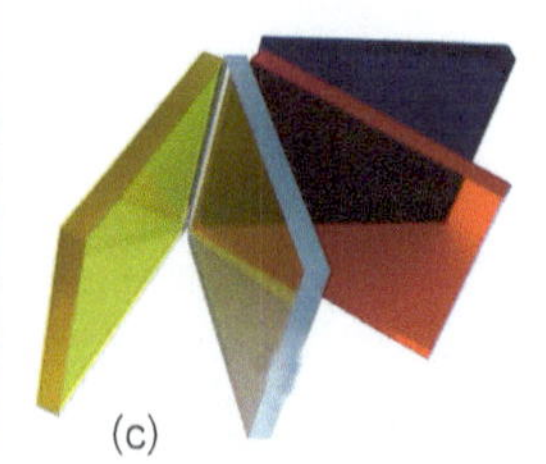

■ 图3-38 彩色有机玻璃板

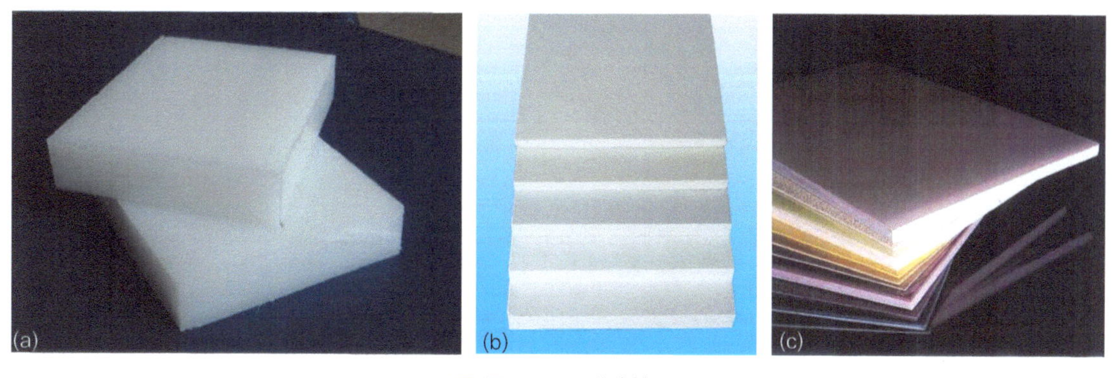

■ 图3-39　塑料板

■ 图3-40　彩色塑料板

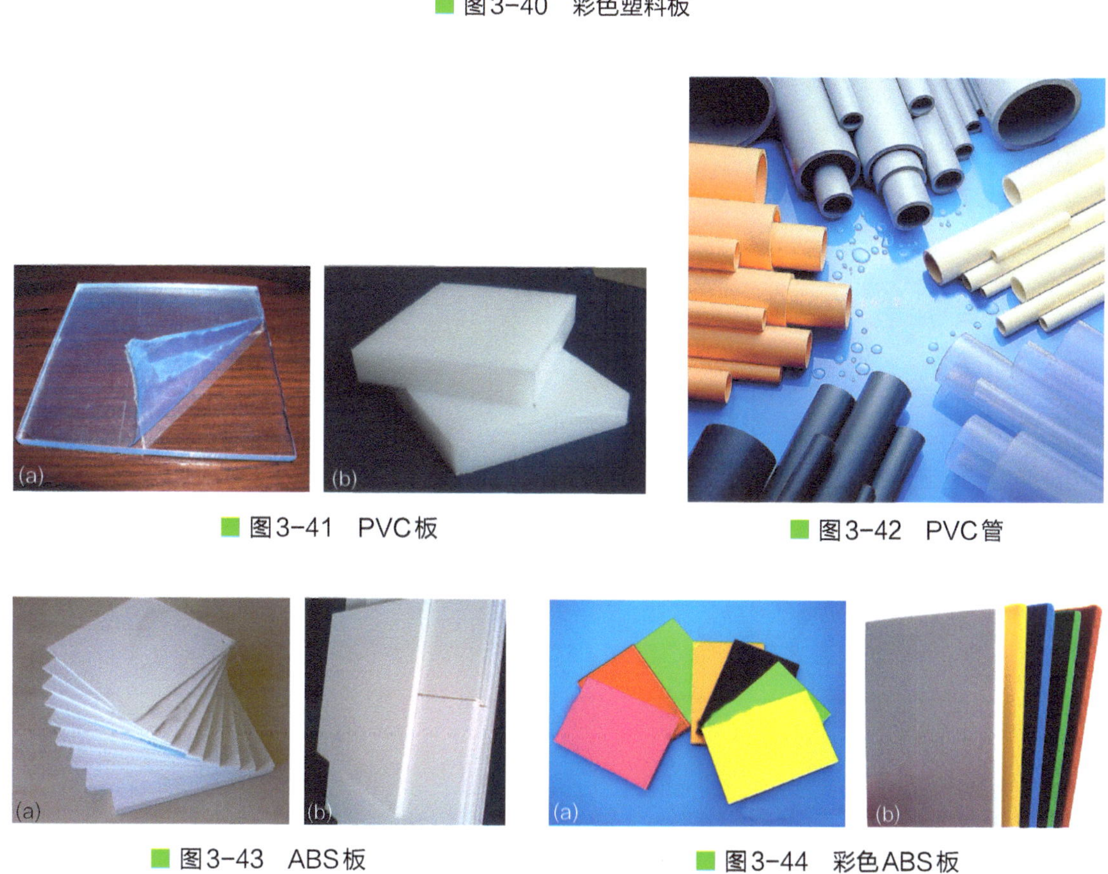

■ 图3-41　PVC板

■ 图3-42　PVC管

■ 图3-43　ABS板

■ 图3-44　彩色ABS板

（1）有机玻璃板　用于园林沙盘模型制作的有机玻璃板材，常用厚度为1 ~ 3mm，该材料分为透明板和不透明板两类。透明板一般用于制作建筑物玻璃和采光部分，不透明板主要用于制作建筑物的主体部分。有机玻璃板是一种比较理想的园林沙盘模型制作材料。

材料优点：质地细腻、挺括，可塑性强，通过热加工可以制作各种曲面、弧面、球面的造型。

材料缺点：易老化，不易保存，制作工艺复杂。

（2）塑料板　塑料板的适用范围、特性和有机玻璃板相同，造价比有机玻璃板低，板材强度不如有机玻璃板高，加工起来板材发涩，有时给制作带来不必要的麻烦。因此，模型制作者应慎重选用此种材料。

（3）ABS板　ABS板是一种新型的园林沙盘模型制作材料。该材料为磁白色板材，厚度0.5 ~ 5mm，是当今流行的手工及电脑雕刻加工制作园林沙盘模型的主要材料。

材料优点：适用范围广，材质挺括、细腻，易加工，着色力、可塑性强。

材料缺点：材料塑性较大。

4. 木板材

木板材是园林沙盘模型制作的基本材料之一（见图3-45 ~ 图3-50）。目前，通常采用的是由泡桐木经过化学处理而制成的板材，亦称航模板。这种板材质地细腻，且经过化学处理，所以在制作过程中，无论是沿木材纹理切割，还是垂直于木材纹理切割，切口都不会劈裂。此外，可用于园林沙盘模型制作的木材还有椴木、云杉、杨木等，这些木材纹理平直，树节较少且质地较软，易于加工和造型。

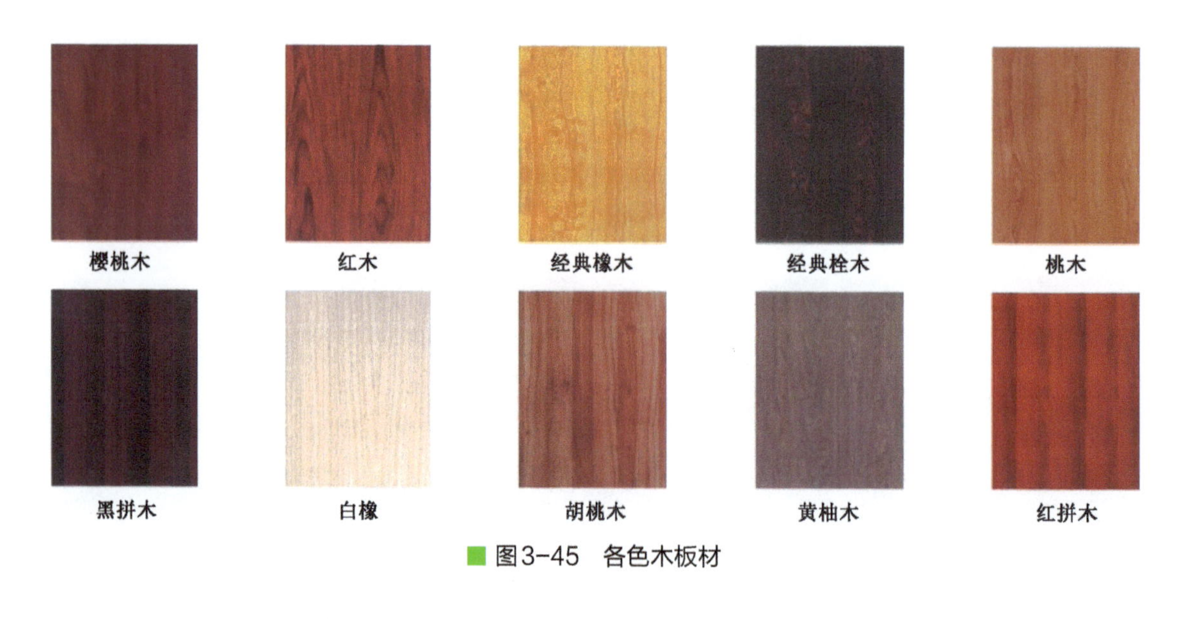

图3-45　各色木板材

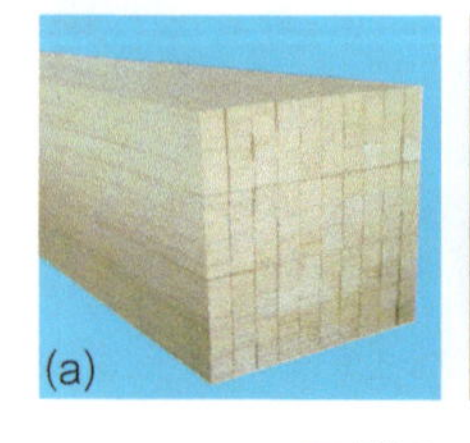

图3-46　木板材

图3-47　木板材

■ 图3-48　木工板

■ 图3-49　软木板

■ 图3-50　航模板

另外，市场上现在还有一种较为流行的微薄木（俗称木皮），是由圆木旋切而成，其厚度仅0.5mm左右，具有多种木材纹理，可以用于园林沙盘模型外层处理。

材料优点：材质细腻、挺括，纹理清晰，极富自然表现力，加工方便。

材料缺点：吸湿性强，易变形。

二、辅材类

辅材是用于制作建筑模型主体以外部分的材料（见图3-51～图3-72），它主要用于制作园林沙盘模型主体的细部和环境。

■ 图3-51　金属板材

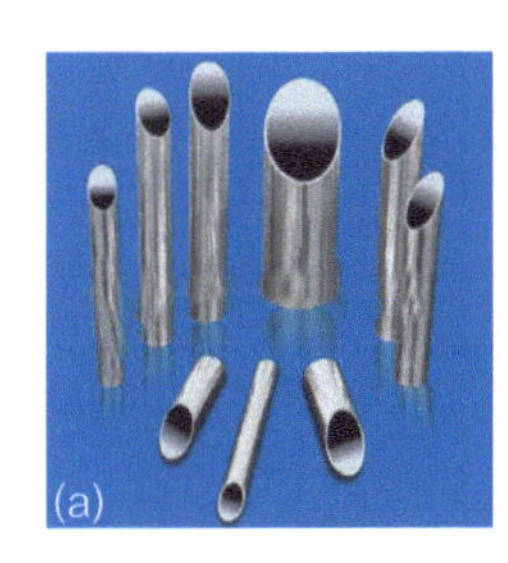

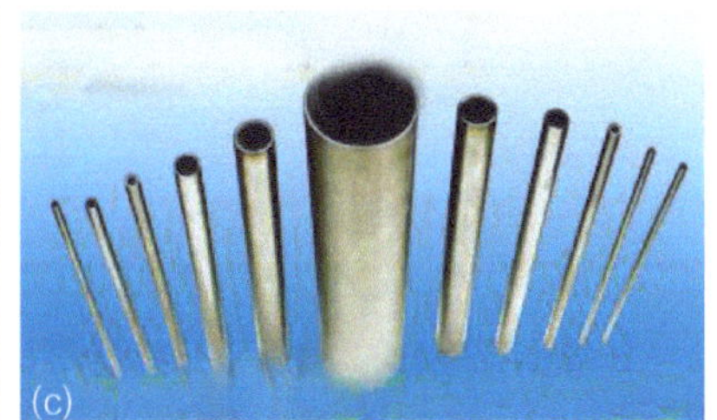

■ 图3-52　金属管材

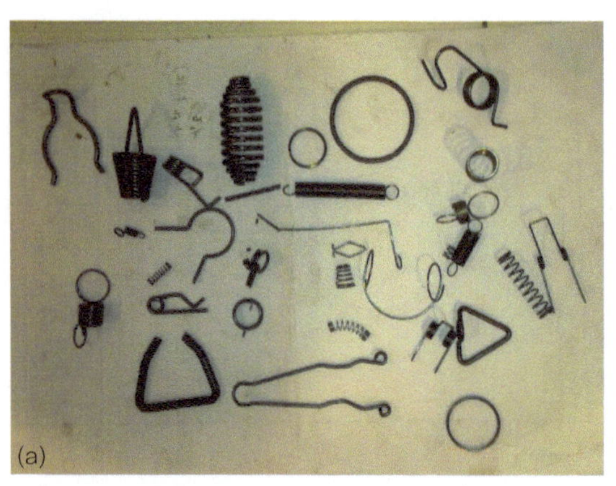

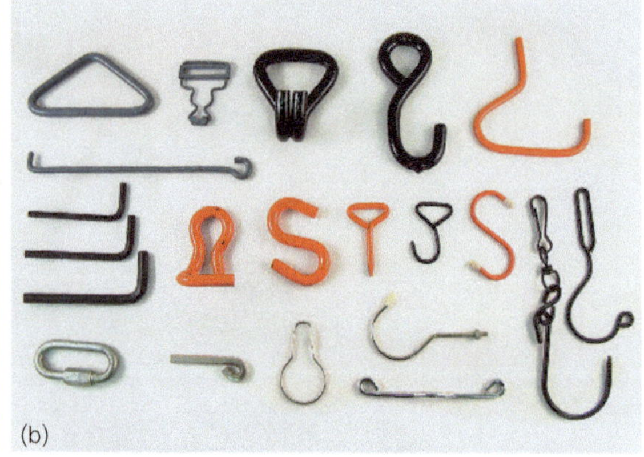

图3-53 金属线材

图3-54 扎丝

图3-55 裸铜线

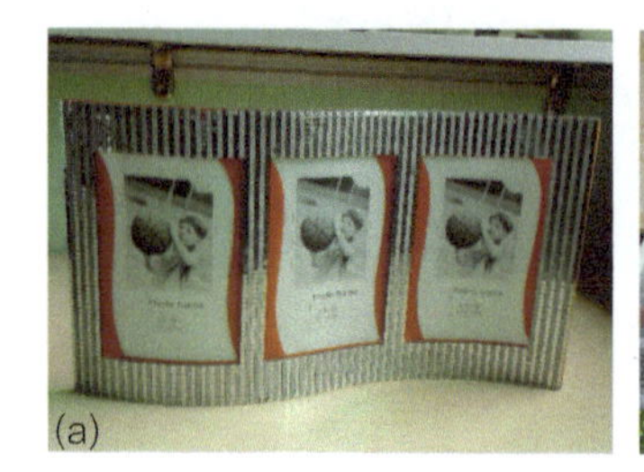

图3-56 确玲珑

图3-57 纸黏土

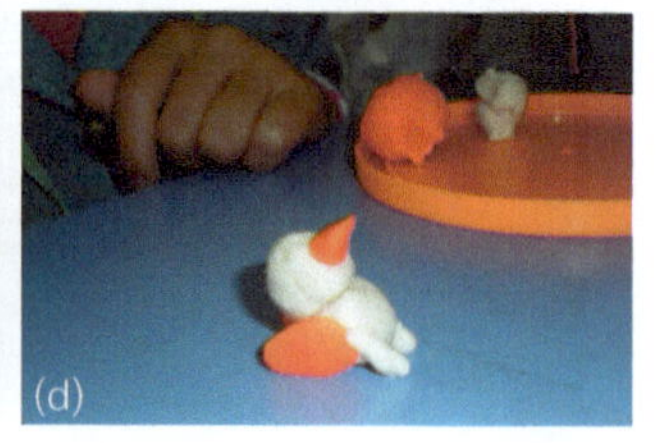

图3-58 油泥

■ 图3-59　及时贴

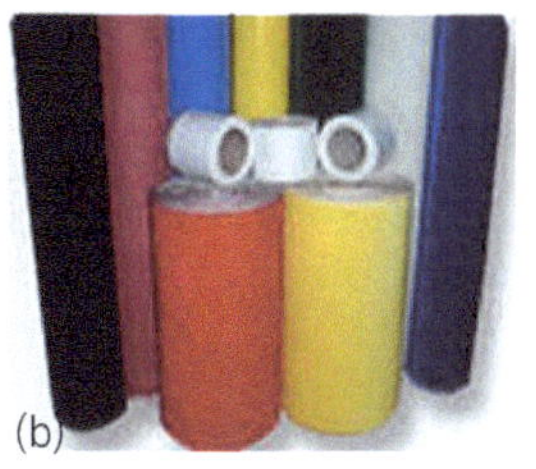

■ 图3-60　植绒及时贴

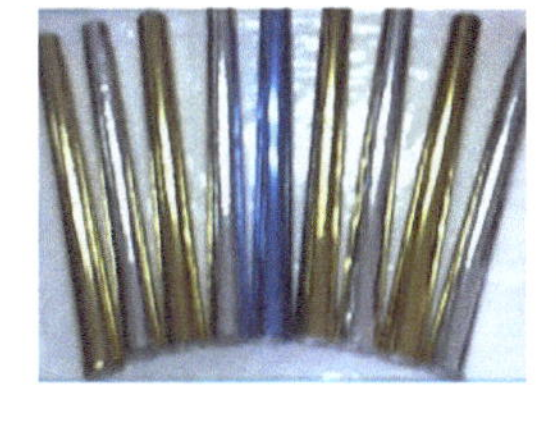

■ 图3-61　双面贴

■ 图3-62　窗贴

■ 图3-63　仿真草坪

■ 图3-64　树粉

■ 图3-65　彩色泡沫

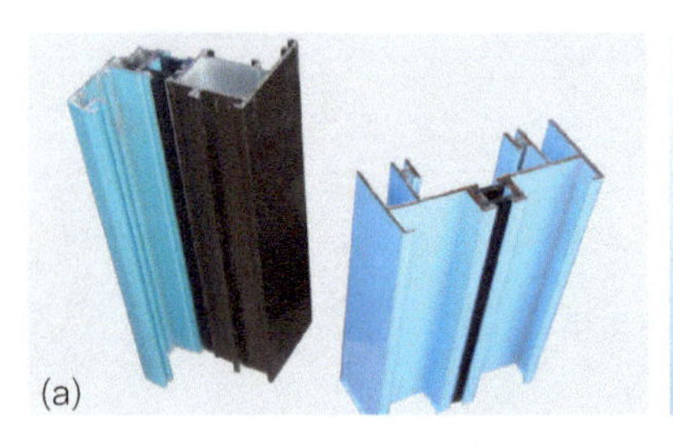

图3-66　型材（一）

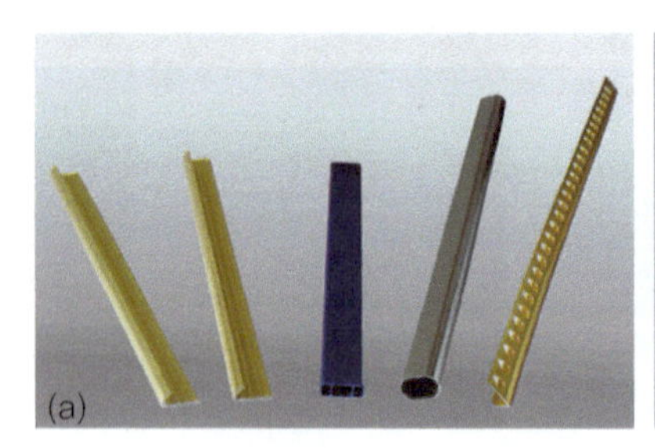
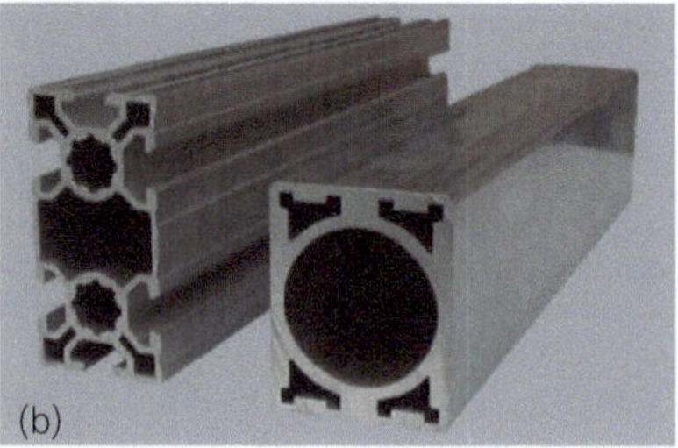

图3-67　型材（二）

图3-68　石材

图3-69　沙发

■ 图3-70　汽车

■ 图3-71　人物

■ 图3-72　路灯

1. 金属材料、单面金属板

(1)金属材料　是园林沙盘模型制作中经常使用的一种辅材，它包括钢、铜、铅等的板材、管材、线材三大类。该材料一般用于景观建筑某一局部的加工制作，如建筑物墙面的线角、柱子、网架、楼梯扶手等。但这些金属材料并不是现加工制作的，因为金属材料的加工对工艺和模具等方面要求较高，手工制作很难满足加工精度的要求，所以一般是采用型材或替代品经过简单的加工和整理而成型。此外，市场上现在有一些进口成品部件可以直接用于园林沙盘模型制作。

(2)单面金属板　是一种以多种色彩塑料板为基底，表层附有各种金属涂层的复合材料。该板材厚度为1.2 ~ 1.5mm，主要用于建筑物立面金属材料部分和大面积玻璃幕墙的制作。该板材表面的金属涂层有多种效果，仿真程度高，使用起来比纯金属材料简便。但由于该材料是板材，从而限制了它在园林沙盘模型制作中的使用范围。

2. 确玲珑、纸黏土、油泥、石膏

(1)确玲珑　是一种新型建筑模型制作材料。它是以塑料类材料为基底，表层附有各种金属涂层的复合材料。该材料色彩种类繁多，厚度仅0.5 ~ 0.7mm。该材料表面金属涂层有的已按不同的比例做好分格，基底部附有不干胶，可即用即贴，使用十分方便。另外，由于材料厚度较薄，制作弧面时不需特殊处理，靠自身的弯曲度即可完成。

(2)纸黏土　是一种制作景观建筑和配景环境的材料。该材料是由纸浆、纤维素、胶、水混合而成的白色泥状体。它可以用雕塑的手法，瞬间把建筑物塑造出来。此外，由于该材料具有可塑性强、便于修改、干燥后较轻等特点，模型制作者常用此材料来制作山地的地形。但该材料的缺点是收缩率大，因此，在使用该材料时应考虑此因素，避免在制作过程中产生尺度的误差。

(3)油泥　俗称橡皮泥。该材料的特性和纸黏土相同，其不同之处在于橡皮泥是油性泥状体，使用过程中不易干燥。一般此材料用于制作灌制石膏模具。

（4）石膏　是一种适用范围较广泛的材料。该材料是白色粉状，加水干燥后成为固体，质地较轻而硬，模型制作者常用此材料塑造各种物体的造型。同时，还可以用模具灌制法进行同一物件的多次制作。另外，在园林沙盘模型制作中，还可以与其他材料混合使用，通过喷涂着色，具有与其他材质的同一效果。该材料的缺点是干燥时间较长，加工制作过程中物件易破损。同时，因受材质自身的限制，物体表面略显粗糙。

3. 及时贴、植绒及时贴、仿真草皮、绿地粉、泡沫塑料

（1）及时贴　是应用非常广泛的一种装饰材料。该材料品种、规格、色彩十分丰富。主要用于制作道路、水面、绿化及建筑主体的细部。此材料价格低廉，剪裁方便，单面覆胶，是一种表现力较强的园林沙盘模型制作材料。

（2）植绒及时贴　是一种表层为绒面的装饰材料。该材料色彩较少，在园林沙盘模型制作中主要是用绿色，一般用来制作大面积绿地。此材料单面覆胶，操作简便，价格适中。但从视觉效果而言，此材料在使用中有其局限性。

（3）仿真草皮　是用于制作园林沙盘模型绿地的一种专用材料。该材料质感好，颜色逼真，使用简便，仿真程度高。目前，此材料有的为进口，产地分别为德国、日本等国家和我国台湾地区，价格较贵。

（4）绿地粉　主要用于山地绿化和树木的制作。该材料为粉末颗粒状，色彩种类较多，通过调合可以制作多种绿化效果，是目前制作绿化环境经常使用的一种基本材料。

（5）泡沫塑料　主要用于绿化环境的制作。该材料是以塑料为原料，经过发泡工艺制成，它具有不同的孔隙与膨松度。此种材料可塑性强，经过特殊的处理和加工可以制成各种仿真程度极高的绿化环境用的树木，是一种使用范围广、价格低廉的制作绿化环境的基本材料。

4. 型材

景观建筑型材是将原材料初加工为具有各种造型、各种尺度的材料。

现在市场上出售的园林沙盘模型型材种类较多，按其用途可分为基本型材和成品型材。基本型材主要包括角棒、半圆棒、圆棒、屋瓦、墙纸，主要用于园林沙盘模型主体的制作。

成品型材主要包括围栏、标志、汽车、路灯、人物等，主要用于园林沙盘模型配景的制作。

三、粘接剂

粘接剂在园林沙盘模型制作中占有很重要的地位（见图3-73～图3-77）。因为园林沙盘模型制作是靠它把多个点、线面、体连接起来，组成一个三维园林沙盘模型，所以必须对粘接剂的性状、适用范围、强度等特性有深刻的了解和认识，以便在园林沙盘模型制作中合理地使用各类粘接剂。

■ 图3-73　胶水

■ 图3-74　建筑胶

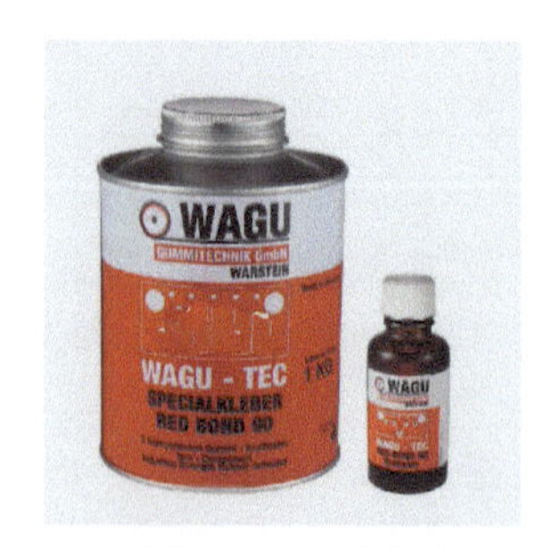

■ 图3-75　粘接剂

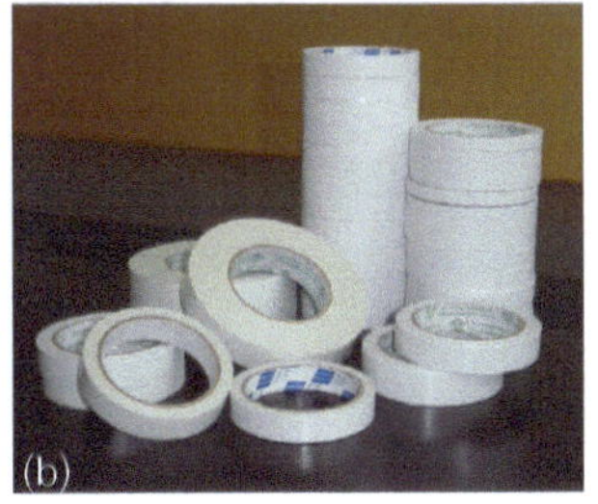

■ 图3-76　双面胶带

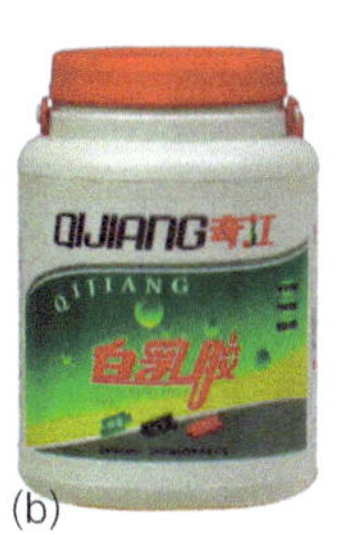

■ 图3-77　白乳胶

1. 纸类粘接剂

（1）白乳胶　白乳胶为白色黏稠液体。使用白乳胶进行粘接操作简便，干燥后无明显胶痕，粘接强度较高，干燥速度较慢，适用于粘接木材和各种纸板。

（2）胶水　胶水为水质透明液体，适用于各类纸张的粘接，其特点与白乳胶相同，粘接强度略低于白乳胶。

（3）喷胶　喷胶为罐装无色透明胶体。该粘接剂适用范围广，粘接强度大，使用简便。在粘接时，只需轻轻按动喷嘴，罐内胶液即可均匀地喷到被粘接物表面，待数秒钟后即可进行粘贴。该粘接剂特别适用于较大面积的纸类粘接。

（4）双面胶带和单面胶带　双面胶带和单面胶带为带状粘接材料。胶带宽度不等，胶体附着在带基上。该胶带适用范围广，使用简便，粘接强度较高，主要用于纸类平面的粘接。

2. 塑料类粘接剂

（1）三氯甲烷　三氯甲烷（又称为氯仿）为无色透明液状溶剂，易挥发，有毒，其是粘接有机玻璃板、赛璐珞片、ABS板的最佳粘接剂。

（2）丙酮　丙酮是一种无色透明液体，有特殊的辛辣气味，有毒，其作为重要的有机原料，是优良的有机溶剂。它也是粘接有机玻璃板、ABS板的常用粘接剂。

三氯甲烷和丙酮在使用时应注意室内通风，同时应注意避光保存。

（3）502粘接剂　502粘接剂为无色透明液体，是一种瞬间强力粘接剂，其广泛用于多种塑料类材料的粘接。该粘接剂使用简便，干燥速度快，强度高，是一种理想的粘接剂。该粘接剂保存时应封好瓶口并放置于冰箱内保存，避免高温和氧化而影响胶液的粘接力。

（4）4115建筑胶　4115建筑胶为灰白色膏状体，它适用于多种材料粗糙粘接面的粘接，粘接强度高，干燥时间较长。

（5）热熔胶　热熔胶为乳白色棒状。该粘接剂是通过热熔枪加热，将胶棒熔解在粘接缝上，粘接速度快，无毒、无味，粘接强度较高。但本胶体的使用必须通过专用工具来完成。

（6）hart粘接剂　hart粘接剂又称为U胶，为无色透明液状黏稠体。该胶适用范围广泛，使用简便，干燥速度快，粘接强度高，粘接点无明显胶痕，易保存，是目前较为流行的一种粘接剂。

3. 木材类粘接剂

木材类粘接剂是将木材与木材或其他物体的表面胶结成一体的材料。按原料来源可分为天然粘接剂和合成粘接剂；模型制作方面通常采用合成粘接剂。常见合成粘接剂有以下几种。

（1）热固性树脂　包括酚醛树脂胶、环氧树脂胶、氨基树脂胶等。

（2）热塑性树胶　包括聚乙酸乙烯、聚丙烯酸酯、聚乙烯醇等。

（3）合成橡胶类　包括氯丁橡胶、丁腈橡胶等。

另外，还有各类颜料，见图3-78～图3-80。

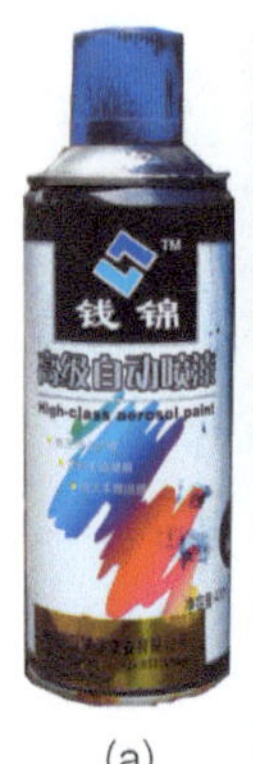

(a)

■ 图3-78　喷漆

■ 图3-79　各色颜料

■ 图3-80　藏制沙盘专用颜料

■ 第四节　园林模型的制作工艺

在园林模型的制作过程中，为了真实直观地将设计构思以三维形体的实物展现出来，只有充分了解各种模型材料的基本特性、加工工艺和各种工具与设备，才能给制作加工带来方便，才能制作出满足设计要求的模型实体，否则无法达到预期的目的。

一、园林模型的制作方法与步骤

1. 园林模型制作方法

园林模型是由多种相同或不同材料采用加法、减法或综合成型法加工制作而成的实体。模型制作的方法可归纳为加法成型、减法成型和混合成型。

（1）加法成型　加法成型是通过增加材料，扩充造型体量来进行立体造型的一种手法，其特点是由内向外逐步添加造型体量。将造型形体先制成分散的几何体，通过堆砌、比较确定相互位置，达到合适体量关系后采用拼合方式组成新的造型实体。加法成型通常采用木材、黏土、油泥、石膏、硬质泡沫塑料来制作，多用于制作外型较复杂的产品模型。

（2）减法成型　减法成型与加法成型相反，减法成型是采用切割、切削等方式，在基本几何形体上进行体量的剔除，去掉与造型设计意图不相吻合的多余体积，以获得构思所需的正确形体。其特点是由外向里，这种成型法通常是用较易成型的黏土、油泥、石膏、硬质泡沫塑料等为基础材料，多以手工方式切割、雕塑、锉、刨、刮削成型，适用于制作简单的产品模型。

（3）混合成型　混合成型是一种综合成型方法，是加法成型和减法成型的相互结合和补充，一般宜采用木材、塑料型材、金属合金材料为主要材料制作，多用于制作结构复杂的产品模型。

2. 园林模型制作工序步骤

（1）设定方案　从较多构思方案中优选出一至两个方案，用简易材料先做出草模进行初模分析，确定各单元件的相关图面。

（2）准备工作　选择合适的材料，充分了解掌握使用材料的特性、材料的加工方法、涂装性能及效果，准备适当的工具和加工设备。

（3）拟订完善的制作流程　了解掌握模型的结构、性能特点，明确模型制作的重点。制作较大型模型时，应先制作辅助骨架后再进行加工，在评判、分析的基础上进一步加工制作研究模型、结构功能模型、展示模型或样机模型，经计议审核后定型。

（4）表面处理　对模型进行色彩涂饰，以及文字、商标、识别符号的制作和完善。

（5）整理技术资料　建立技术资料档案，供审批定型。

二、园林模型制作新技术——快速成型技术

1. 快速成型的原理及特点

快速成型（Rapid　Prototype，RP），又称快速制样或实体自由形式制造，是一种用材料逐层堆积出制件的制造方法，是集CAD、数控技术、精密机械、激光技术和材料科学与工程等最新技术而发展起来的产品设计开发技术。

（1）快速成型原理　快速成形是一种离散、堆积成型的加工技术，其目标是将计算机三维CAD模型快速地转变为具体物质构成的三维实体模型。快速成型的基本过程是将计算机辅助设计的产品的立体数据（3D Model），经电脑分层离散处理后，把原来的三维数据变成二维平面数据，按特定的成型方法，通过逐点逐面将成型材料一层层加工，并堆积成型。

（2）快速成型特点　快速成型技术是将一个实体的复杂的三维加工离散成一系列层片的加工，大大降低了加工难度，开辟了不用任何刀具而迅速制作各类零件的途径，并为用常规方法不能或难以制造的模型或零件提供了一种新型的制造手段。其特点如下：①改变了传统模型的制造方式，用CAD模型直接驱动实现设计与制造高度一体化，充分体现了设计评价制造的一体化思想，其直观性和易改性为产品的完美设计提供了优良的设计环境；②可以制造任意复杂形状的三维实体模型，充分体现设计细节，尺寸和形状精度大为提高，零件不需要进一步加工；③成型过程不需要工装模具的投入，既节省了费用又缩短了制作周期；④成型全过程的快速性适合现代激烈的产品市场。

2. 快速成型的基本方法

目前采用的快速成型方式可分为以下几种。

（1）光固化成型——SLA法　快速成型方法之一，是目前RP领域中最普遍的制作方式。其原理是利用紫外激光光束使液态光敏树脂逐层固化形成三维实体。通过CAD设计出三维实体模型，利用离散程序将模型进行切片处理，将电脑软件分层处理后的资料由激光光束通过数控装置的扫描器按设计的扫描路径投射到液态光敏树脂表面，使表面特定区域内的一层树脂固化，生成零件的一个截面；每完成一层后，浸在树脂液中的平台会下降一层，固化层上覆盖另一层液态树脂，再进行第二层扫描，新固化的一层牢固地粘接在前一固化层上，如此重复直至最终形成三维实体原型。

（2）粉末烧结成型——SLS法　SLS法与SLA法的成形原理相似，只是将液态光敏树脂

换成在激光照射下可烧结成形的各种固态烧结粉末（金属、陶瓷、树脂粉末等）。其基本过程是将CAD软件控制的激光束，投射到覆盖一层烧结粉末的工作面上，按照零件的截面信息对粉末层进行有选择的逐点扫描，受激光照射的粉末层熔化烧结，使粉末颗粒相互黏结而形成制件的实体部分。每完成一层烧结，工作平台下降一层，作业面上重新覆盖一层粉末，再进行另一层的烧结，如此反复进行，逐层形成立体的零件。

（3）熔积成型——FDM法　该方法使用丝状材料（石蜡、金属、塑料、低熔点合金丝）为原料，利用电加热方式将丝材在喷头中加热至略高于熔化温度，呈熔融状态。在计算机的控制下，喷头作X-Y平面的扫描运动，将熔融的材料从送料端口喷头射出，涂覆在工作台上，冷却后形成工件的一层截面，一层成形后，喷头上移一层高度，进行下一层涂覆，这样逐层堆积形成三维实体。

（4）分层实体成型——LOM法　又称层叠成型法，是以薄片材（如纸片、塑料薄膜或复合材料）为原材料，通过薄片材进行层叠与激光切割而形成模型。其成型原理为激光切割系统按照计算机提取的横截面轮廓数据，将背面涂有热熔胶的片材用激光切割出模型的内外轮廓；切割完一层后，工作台下降一层高度，在刚形成的层面上叠加新的一层片材，利用热粘压装置使之黏合在一起，然后再进行切割，这样一层层地黏合、切割，最终成为三维实体。

三、园林模型制作特殊技法工艺

在园林沙盘模型制作中有很多构件属异型构件，如球面、弧面等。这些构件的制作，靠平面的组合是不能完成的。因此，这类构件的加工制作，只能靠一些简易的、特殊的制作方法来完成。这种特殊的制作方法概括起来有如下三种。

1. 替代制作法

（1）替代制作法　是园林沙盘模型制作中完成异形构件制作最简捷的方法。所谓替代制作法就是利用已成型的物件经过改造完成另一种构件的制作。这里所说的“已成型的物件”，主要是指我们身边存在的、具有各种形态的物品，乃至我们认为的废弃物。因为这些有形的物品是通过模具进行加工生产的，并且具有很规范的造型。所以这些物品只要形和体量与所要加工制作的构件相近，即可拿来进行加工整理，完成所需要构件的加工制作。

（2）半球实例　在制作某一模型时，需要制作一个直径为40mm左右的半圆球面体构件，很显然这个构件靠平面组合的方法制作是无法完成的。因此，必须寻找是否有这种类型的物件。其寻找的思路是，先不要考虑我们所要完成物件的形态，要把这个构件概括为球体。这时不难发现乒乓球的直径、形状和要加工制作的构件相似，于是我们便可以按构件的要求，用剪刀将乒乓球剪成所需要的半圆体。

（3）举一反三　以上所举的例子只是一个简单构件的处理方法。在制作比较复杂造型的异形构件时，如果不能直接寻找到替代品，可以将构件分解到最简单、最基本的形态去寻找替代品，然后再通过组合的方式去完成复杂构件的加工制作。

2. 模具制作法

用模具浇注各种形态的构件是制作异型构件的方法之一。

（1）模具的制作　在利用这种方法进行构件制作时，首先要进行模具的制作。模具的制作有多种方法，这里将介绍一种简单易行的制作方法。这种方法是先用纸黏土或油泥堆塑一个构件原型。堆塑时，要注意表层的光洁度与形体的准确性。待原型堆塑完成并干燥后，在其外层刷上隔离剂后即可用石膏来浇注阴模，在阴模浇注成型后要小心地将模具内的构件原型清除掉。最后，用板刷和水清除模具内的残留物并放置通风处进行干燥。

（2）构件的浇注　在模具制作完成后便可以进行构件的浇注。一般常用的浇注材料有石膏、石蜡、玻璃钢等。其中，容易掌握且最常用的是石膏，其制作方法是先将石膏粉放入容器中加水进行搅拌，加水时要特别注意两者的比例，若水分过多时，则影响膏体的凝固；反之，若水分过少时，则会出现未浇注膏体就凝固的现象。一般情况下，水应略多于石膏粉，当把水与石膏搅拌成均匀的乳状膏体时便可以进行浇注。

（3）脱模及打磨　浇注前，应先在模具内刷上隔离剂。浇注时，把液体均匀地倒入模具内，同时应轻轻振动模具，排除浇注时产生的气泡。在浇注后，不要急于脱模，因为此时水分还未排除，强度非常低，若脱模过早则会产生碎裂，所以在浇注后要等膏体固化再进行脱模，脱模后便可以得到所需要制作的构件。若翻制的异形构件体、面感觉较粗糙时，还可以在石膏完全干燥后进行打磨修整。

3. 热加工制作法

热加工制作法是利用材料的物理特性，通过加热、定型产生物体形态的加工制作方法。这种制作方法适用于有机玻璃板和塑料类材料并具有特定要求构件的加工制作。以半球面体构件为例，如果制作要求限定为透明半球面体时，利用替代制作法和模具制作法很难完成此构件的加工制作，因此，只能用薄透明有机玻璃板通过热加工来完成此构件的加工制作。

（1）模具的制作　在利用热加工制作法进行构件制作时，与模具制作法一样，首先，要进行模具的制作。但是热加工制作法的模具制作没有一定模式，这是因为有的构件需要阴模来进行加工制作，而有的构件则需要阳模进行压制。所以，热加工制作法的模具应根据不同构件的造型特点和工艺要求进行加工制作。另外，作为加工模具的材料也应根据模具在压制构件过程中挤压受力的情况来选择。总之，无论采用何种形式与材料进行模具加工制作，在模具完成后便可以进行热加工制作。

（2）热加工制作　在进行热加工制作时，首先要将模具进行清理，要把各种细小的异物清理干净，防止压制成型后影响构件表面的光洁度。同时，还要对被加工的材料进行擦拭。擦拭后便可以进行板材的加热。在加热过程中，要特别注意板材受热要均匀，加热温度要适中，当板材加热到最佳状态时，要迅速地将板材放入模具内并进行挤压及冷却定型。待充分冷却定型后，便可进行脱模。脱模后，稍加修整，便可以完成构件的加工制作。

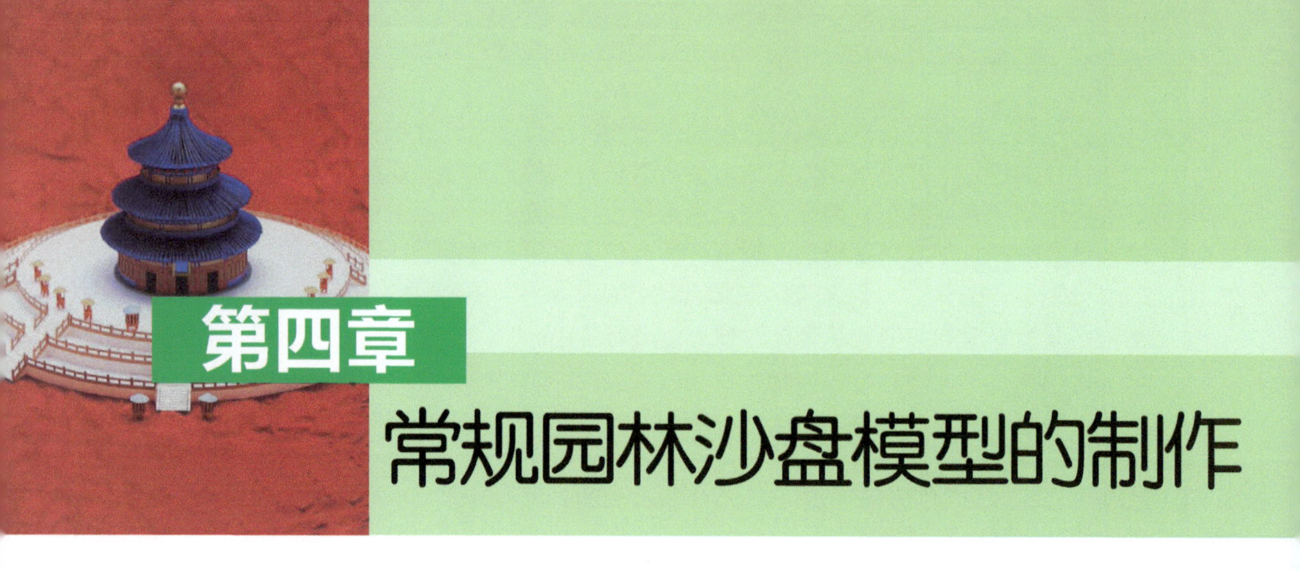

第四章 常规园林沙盘模型的制作

第一节 园林沙盘模型基础制作

一、园林沙盘模型底盘制作

1. 园林沙盘模型底盘尺寸的确定

底盘是园林沙盘模型的基础部分。底盘的大小、材质、风格直接影响园林沙盘模型的最终效果（见图4-1～图4-5）。园林沙盘模型的底盘尺寸一般根据园林沙盘模型制作范围和下列因素确定。

图4-1 底座

图4-2 底盘的形式

图4-3 底座材料与地面铺装的协调

■ 图4-4　半封闭式底盘

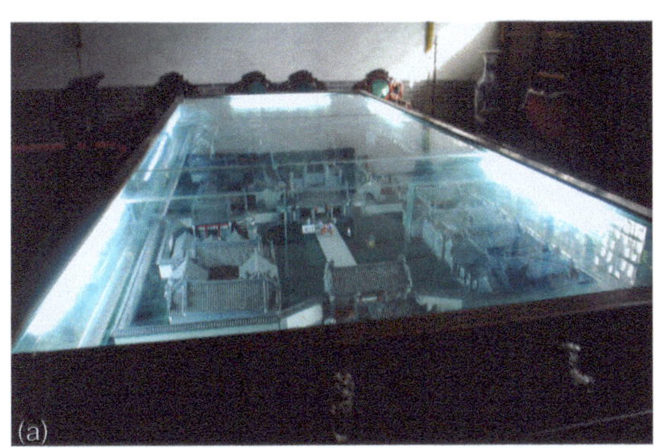

■ 图4-5　全封闭式底盘

（1）模型标题的摆放和内容　园林沙盘模型的标题一般摆放在模型制作范围内，其内容详略不一。所以在制作模型底盘时，应根据标题的具体摆放位置和内容详略进行尺寸的确定。

（2）模型类型和建筑主体量　规划模型一般是建筑物的外边界线与底盘边缘不小于10cm。如果盘面较大，可增加其外边界线与底盘边缘间的尺寸，单体模型应视其高度和体量来确定主体与底盘边缘的距离。总之，要根据制作的对象来调整底盘的大小，这样才能使底盘和盘面上的内容更加一体化。

（3）制作底盘的材质　应根据制作模型的大小和最终用途而定，目前，大家通常选用制作底盘的材质是轻型板、三合板、多层板等。一般作为学生作业或工作模型，则可以选用一些物美价廉且易加工的轻型板和三合板，作为报审展示的园林沙盘模型的底盘就要选用一些材质好且有一定强度的材料制作。一般选用的材料是多层板或有机玻璃板。

（4）多层板底盘的制作方法　多层板是由多层薄板加胶压制而成，具有较好的强度。所以，一般较小的底盘就可以直接按其尺寸切割，而后镶上边框即可使用。如果盘面尺寸较大，就要在板后用木方进行加固，用木方加固时，选用的木材最好是白松，因为白松水性较小，不易变形。其具体方法是，先用30mm×30mm木方钉成一个木框，根据盘面的尺寸添加横竖木带，把它分割成若干个方格，一般方格大小以500mm×500mm为宜。待木框钉成后刷上白乳胶，将多层板钉在木框上放置于平整处干燥12h后，镶上边框即可使用。

2. 珠光灰有机玻璃板边框

珠光灰有机玻璃板边框色彩典雅、豪华，看上去比较俊秀。

① 具体做法先测出底盘的厚度，然后根据底盘厚度，再加出1～1.5cm（视其盘面大小），用珠光灰有机板（3mm）切割成数条，然后用电钻每隔20cm打一个孔，将边框涂上4115建筑胶，待胶稍干后，将事前裁好的有机玻璃板边条贴于边框上。粘贴时，板条下边缘与底盘的下边缘靠齐，并用小钉钉于事先打好的孔内，依此类推。将边框的四边围合好后，便可进行二道边的围合。

② 第二道边围合与前一道不同，第二道边是用没有打孔的有机板进行围合，而且两道边之间的粘贴是用三氯甲烷来完成。具体步骤是，先把两道边之间的贴接面擦拭干净，然后，将需要贴接的两道边上边靠齐，用吸满三氯甲烷的注射器向两道边中间注入三氯甲烷，干燥数分钟后，再用三氯甲烷进行第二次灌缝，以确保两道边贴接的牢固。

③ 以上工序完成后，将边框放置于通风处干燥数小时后，再用木工刨子将边框上端刨平，这样一个完整的边框就制作完毕了。

3. 木边外包ABS板边框

用这种方法制作的边框形式各异，而且色彩效果可根据制作者的想法进行。

① 先用木条刨出自己所需要的边框，然后镶于底盘上。待此道工序完成后，便可用ABS板包外边。ABS板与木板贴接时，可选用101胶，此种胶粘接速度快，强度高（具体操作方法详见101胶说明书）。

② 在用ABS板包边时，应先从盘基开始向外依次粘贴，在面与面转折时，缝口不要进行对接，因为对接缝容易产生接口不严，所以一般面与面转折时，最好采用边对面的粘接形式。

③ 在边框转角时应采用45°角对接。接口处一定要注意不要产生阴缝，待整个边框粘接好后，为了保证接缝处牢固，还可用502胶灌注一遍，然后，放置于通风处干燥24h，便可进行修整、打磨。

④ 在打磨时，可先用刀子将接口处多余的毛料切削下去，然后用锉刀磨平。使用锉刀最好选用中粗锉，而且用力要均匀，防止ABS板留下明显痕迹。用锉刀打磨基本平整后，还要用砂纸最后进行打磨。在选用砂纸时最好选用木工砂纸，因为ABS板涩而软，砂纸过细起不到打磨作用，过粗会留下明显痕迹。所以，选择的砂纸一定要适中。另外用砂纸打磨时，应将砂纸裹于一块木方上，这样在打磨时，可以保证局部的平整性。在打磨完后，若有局部接缝处仍不严时，还可以用腻子进行填补、打磨。

⑤ 待上述工序全部完成后，将粉末清除，即可进行喷色。

二、水面、道路与广场制作

1. 水面

水面是各类园林沙盘模型中特别是园林模型环境中经常出现的配景之一。作为水面的表现方式和方法，应随其园林沙盘模型的比例及风格变化而变化。

（1）粘贴法　在制作园林沙盘模型比例尺较小的水面时，我们可将水面与路面的高差忽略不计，可直接用蓝色及时贴按其形状进行剪裁。剪裁后按其所在部位粘贴即可。

（2）着色法　还可以利用遮挡着色法进行处理。其做法是先将遮挡膜贴于水面位置，然后进行漏刻。刻好后，用蓝色自喷漆进行喷色。待漆干燥后将遮挡膜揭掉即可。

（3）漏空法　在制作园林沙盘模型比例尺较大的水面时，首先要考虑如何将水面与路面的高差表现出来。一般通常采用的方法是，先将底盘上水面部分进行漏空处理，然后将透明有机玻璃板或带有纹理的透明塑料板按设计高差贴于漏空处，并用蓝色自喷漆在透明板下面喷上色彩即可。用这方法表现水面，一方面可以将水面与路面的高差表示出来，另一方面透明板在阳光照射和底层蓝色漆面的反衬下，其仿真效果非常好。

2. 道路的分类

（1）城市道路　城市道路很复杂，有主干道、支干道、街巷道等，所以在表示方法上也不应一样，下面介绍几种表示方法。①将白色0.5mm厚的赛璐珞片裁成宽1mm以下的细条粘在道路上，给人一种边石线的感觉，这种方法适用于主、次干道。②用植绒纸或薄有机玻璃片将不是道路的部分垫起来，这样自然产生一高一低之差。道路边线便十分清楚地显示出来，这种方法适用于街巷小路。③用及时贴裁成细条贴在边石线上，弧线部分用白水粉画出来。④全部用白水粉画出街巷边线。

（2）乡村道路　乡村道路可用60 ~ 100号黄色砂纸按图纸的形状剪成。在往底台上粘时要注意砂纸的接头，要对好粘牢防止翘起。最好用透明胶纸在背面将接头粘牢后再粘到底台上，这样才能保证接头部分不裂缝、不翘起。

（3）铁路制作　窗纱不仅能做栅栏，也可当作铁路。做法如下：取不能抽动纱线的窗纱一块，染成银白色或黑色，裁成小条贴在适当的位置即成铁路。如果比例尺很大，可将有机玻璃片裁成薄的细条制作，也可裁赛璐珞板制作。

3. 规划类沙盘道路与广场制作方法

1：1000 ~ 1：2000的园林沙盘模型一般来说就是指规划类园林沙盘模型。

① 此类模型中主要是由建筑物路网和绿化构成。因此，在制作此类模型时，路网的表现要求既简单又明了。在颜色的选择上一般选用灰色，对于主路、辅路和人行道的区分，要统一地放在灰色调中考虑，用其色彩的明度变化来划分路的分类。

② 在选用珠光灰或灰色有机玻璃板作底盘时，可以利用底盘本身的色彩做主路，用浅于主路的灰色表示人行道。辅路色彩一般随主路色彩变化而变化。作为主路、辅路和人行道

的高度差，在规划模型中是忽略不计的。

③ 在具体操作时，简单易行的制作方法是用灰色及时贴来表示路网。先用复写纸把图纸描绘在模型底盘上，然后将表现人行道的灰色及时贴裁成若干条，宽度要宽于要表现的人行道宽度。因为待人行道贴好后，上面还要压贴绿地，为了接缝的严密，一般采用压接方法。所以，人行道要宽于实际宽度。待准备工作完毕后，就可按照图纸的实际要求进行粘贴。

④ 粘贴时，一般先不考虑路的转弯半径，而是以直路铺设为主，转弯处暂时处理成直角。待全部粘贴完毕后，再按其图纸的具体要求进行弯道的处理。

4. 展示类模型道路与广场制作方法

1∶300以上的园林沙盘模型主要是指展示类单体或群体建筑的模型。在此类模型中，由于表现深度和比例尺的变化，道路的制作方法一般与前者不同。

① 在制作此类模型时，除了要明确示意道路外，还要把道路的高差反映出来。

② 在制作此类道路时，可用0.3 ~ 0.5mm的PVC板或ABS板作为制作道路的基本材料。具体制作方法是：首先按照图纸将道路形状描绘在制作板上，然后用剪刀或刻刀将道路准确地剪裁下来，并用酒精清除道路上的画痕。同时，用选定好的自喷漆进行喷色，喷色后即可进行粘贴。

③ 粘贴时可选用喷胶、三氯甲烷或502胶作为粘接剂。在具体操作时，应特别注意粘接面，胶液要涂抹均匀，粘贴时道路要平整，边缘无翘起现象。如道路是拼接的，特别要注意接口处的粘接，粘接完毕后，还可视其模型的比例及制作的深度考虑是否进行路牙的镶嵌等细部处理。

5. 道路与水体景观图解

见图4-6 ~图4-13。

■ 图4-6　道路

■ 图4-7　水体

(a)　(b)

■ 图4-8　绘底图（道路、广场与水体）

■ 图4-9 道路涂绘

■ 图4-10 广场制作

■ 图4-11 道路与广场上色

■ 图4-12 颜料涂绘水体

■ 图4-13 有机板水体

三、山地地形制作

山地地形是继模型底盘完成后的又一道重要制作工序。地形的处理，要求模型制作者要有高度的概括力和表现力，同时还要辩证地处理好与建筑主体的关系。地形从形式上一般分为平地和山地两种地形。平地地形没有高差变化，一般制作起来较为容易，而山地地形则不同，因为它受山势、高低等众多无规律变化的影响而给具体制作带来很多的麻烦，一定要根据图纸及具体情况先策划出一个具体的制作方案。在策划具体制作方案时，一般要考虑如下几个方面。

1. 表现形式

山地地形的表现形式有两种，即具象表现形式和抽象表现形式。在制作山地地形时，表现形式一般是根据建筑主体的形式和表示对象等因素来确定。

（1）具象表现形式　一般用于展示的模型其主体较多地采用具象表现形式，并且它所涉及的展示对象是社会各阶层人士。采用具象形式来表现，一方面可以使地形与建筑主体的表现形式融为一体，另一方面可以迎合诸多观赏者的口味。

（2）抽象表现形式　对于用抽象的手法来表示山地地形，不仅要求制作者要有较高的概括力和艺术造型能力，而且还要求观赏者具有一定的鉴赏力和建筑专业知识，只有这样才能准确地传递建筑语言，才能领略其模型的形式美。所以，在制作山地地形时，一般对于经验不多的制作者来说不应轻易地采用抽象手法来表现山地地形。

2. 材料选择与制作精度

（1）材料选择　选材是制作山地地形时一个不可忽视的因素，材料要根据地形和高差的大小而定。这是因为就山地地形制作的实质而言，它是通过材料堆积而形成的。比例、高差越大，材料消耗越大。反之，比例、高差越小，材料消耗越小。若材料选择不当，一方面会造成不必要的浪费，另一方面会给后期制作带来诸多不便因素。所以，在制作山地地形时，一定要根据地形的比例和高差合理地选择制作材料。

（2）制作精度　山地地形制作时，其精度应根据建筑物主体的制作精度和模型的用途而定。作为工作模型，它是用来研究方案，并非作为展示而用。所以，一般山地地形只要山地起伏及高度表示准确就可以，无需作过多的修饰。作为展示模型，除了要把山地的起伏及高程准确地表现出来外，还要在展示时给人们一种形式美。在制作展示模型的山地地形时，一定要掌握它的制作精度。这里应该指出，制作山地地形并非越细腻越好，而是应该结合建筑主体风格、体量及制作精度考虑。总而言之，山地地形在整个模型中属次要方面，在掌握制作精度时切不可以喧宾夺主。

另外，制作山地地形还应结合绿化来考虑。有时我们刻意雕琢的山地地形，通过绿化后，裸露的地形已寥寥无几了，所以把绿化因素考虑进去会免去做很多的无用功。

3. 山地地形制作方法

（1）堆积制作法　具体做法是，先根据模型制作比例和图纸标注的等高线高差选择好厚度适中的聚苯乙烯板、纤维板等轻型材料，然后，将需要制作的山地等高线描绘于板材上并进行切割，切割后便可按图纸进行拼粘。若采用抽象的手法来表现山地，待胶液干燥后，稍加修整即可成型。如采用具象的手法来表现山地，待胶液干燥后，再用纸黏土进行堆积。堆积时要特别注意山地的原有形态，切不可堆积成“馒头”状。表现手法要有变化，堆积后原有的等高线要依稀可见。

（2）拼削法　同泡沫模型方法相同，取最高点向东南西北四个方向等高或等距定位，削去相应的坡度，大面积坡地可由几块泡沫拼接而成，再放置草地，泡沫用乳胶粘接，加减修改容易（要喷前处理）。

4. 假山模型图解

（1）泡沫假山　见图4-14、图4-23。

（2）石膏山体　见图4-15 ~ 图4-18。

（3）成品假山　见图4-19 ~ 图4-22。

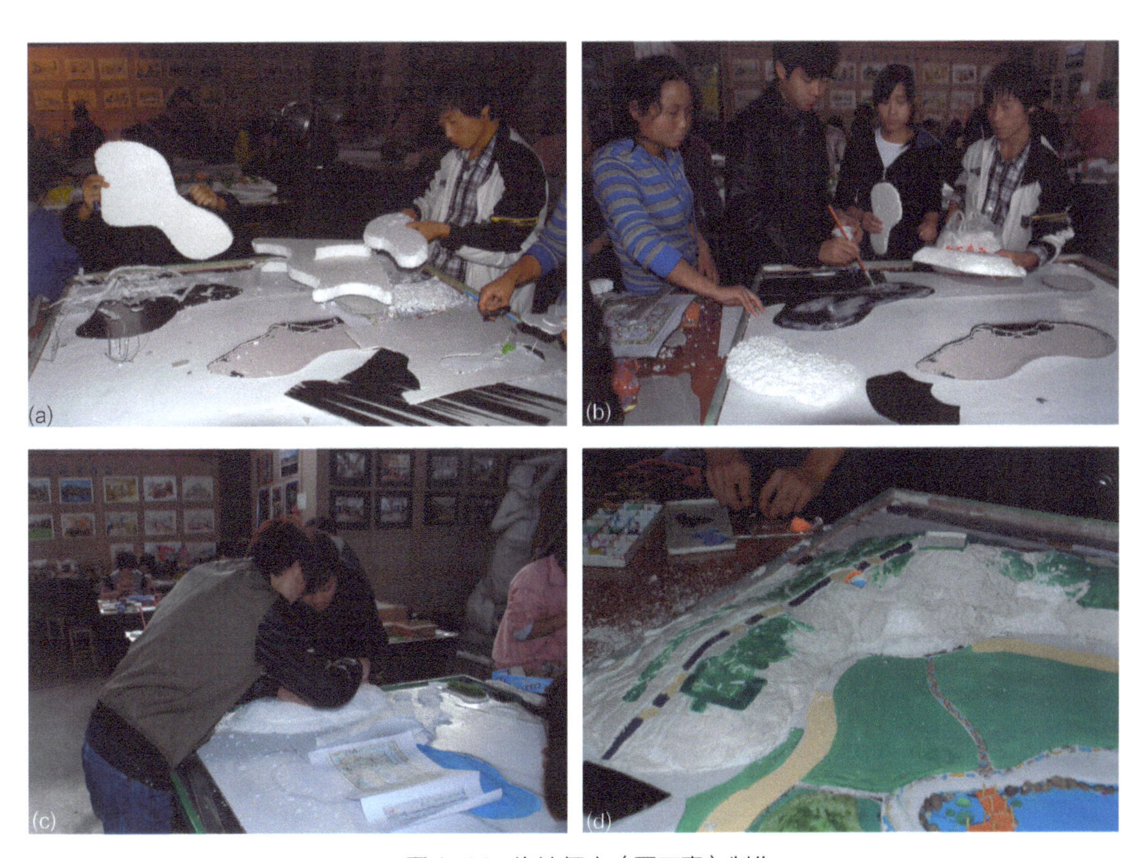

图4-14　泡沫假山（覆石膏）制作

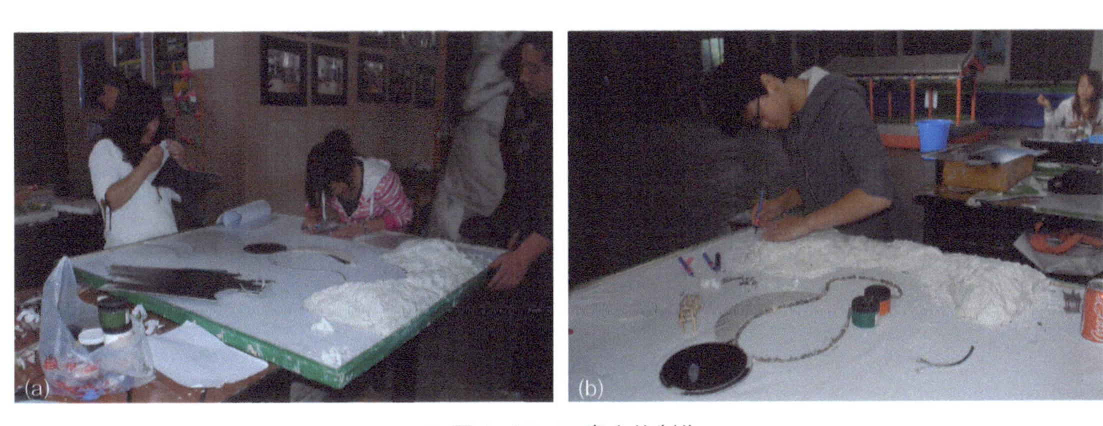

图4-15　石膏山体制作

■ 图4-16 浑圆的石膏山体

■ 图4-17 石膏山脊

■ 图4-18 等高线石膏山体

■ 图4-19　竖向假山

■ 图4-20　云片式假山

■ 图4-21　喷水式假山

■ 图4-22　盆景式假山与置石

■ 图4-23　塑料泡沫假山

第二节　园林模型制作基本技法

园林模型的制作是一个利用工具改变材料形态，通过粘接、组合产生出新的物质形态的过程。这一过程包含着很多基本技法，作为广大模型制作人员只要掌握了这些最简单、最基本的要领与方法，即使制作造型复杂的园林沙盘模型，也只不过是那些最简单、最基本的操作过程的累加而已。

一、聚苯乙烯模型制作基本技法

用聚苯乙烯材料制作园林沙盘模型是一种简便易行的制作方法，主要用于建筑构成模型、工作模型和方案模型的制作。

1. 准备工作

在制作此类模型时，模型制作人员首先要根据材料的特性做好加工制作的准备工作，准备工作可分为两部分，即准备材料和准备制作工具。

（1）准备材料　在进行材料准备时，要根据被制作物的体量及加工制作中的损耗，准备一定量的材料毛坯。

（2）工具准备　在进行制作工具准备时，主要是选择一些画线和切割工具。

在准备工作完毕后，我们要对自己所使用的电热切割器进行检查与调试。首先，用直角尺测量电热丝是否与切割器工作台垂直，然后通电并根据所要切割的体块大小用电压来调整电热丝的热度（电压越高热度越大）。一般电热丝的热度调整到使切割缝隙越小越好，因为这样才能控制被切割物体平面的光洁度与精度。

2. 基本制作步骤

基本制作步骤为画线、切割、粘接、组装。

（1）画线　一般采用刻写钢板的铁笔作为画线工具。

（2）切割　切割工具采用自制的电热切割器及推拉刀。在进行体块切割时，为了保证切割面平整，除了要调整电压，控制电热丝温度外，被切割物在切割时要保持匀速推进。中途不要停顿，否则将影响表面的严整。在切割方形体块时，一般是先将材料毛坯切割出90°直角的两个标准平面，然后利用这两个标准平面，通过横纵位移进行各种方形体块的切割。为了保证体块尺寸的准确度，画线与切割时一定要把电热丝的热溶量计算在内。在切割异形体块时，要特别注意两手间的相互配合。一般一只手用于定位，另一只手推进切割物体运行，这样才能保证被切割物切面光洁、线条流畅。在切割较小体块时，可以利用推拉刀或刻刀来完成。用刀类切割小体块时，一定要注意刀片要与切割工作台面保持垂直，刀刃与被切割物平面成45°角，这样切割才能保证被切割面的平整光洁。

（3）粘接、组装　在所有体块切割完毕后，我们便可以进行粘接、组装。在粘接时常用乳胶作粘接剂。但由于乳胶干燥较慢，所以我们在粘接过程中还需用大头针进行扦插，辅以定型。待通风干燥后进行适当修整，便可完成其制作工作。

此外，在利用此种材料制作园林沙盘模型时，除了用电热切割的方法进行造型外，还可以利用该材料溶于稀料的特性，采用喷刷手段进行多种造型。总之，待熟练掌握制作基本技法和材料的特性时，将会给聚苯乙烯材料制作园林沙盘模型带来巨大的表现力和超乎想象的视觉效果。

二、纸板模型制作基本技法

利用纸板制作园林沙盘模型是最简便且较为理想的方法之一。纸板模型分为薄纸板和厚纸板两大类。下面分别阐述这两种纸板模型制作的基本技法。

1. 薄纸板模型制作基本技法

用薄纸板制作园林沙盘模型是一种较为简便快捷的制作方法，主要用于工作模型和方案模型的制作。基本技法可分为画线、剪裁、折叠和粘接等步骤。

（1）画线　在制作薄纸板园林沙盘模型时，制作人员首先要根据模型类别和建筑主体的体量合理地进行选材。一般此类模型所用的纸板厚度在0.5mm以下。在制作材料选定后便可以进行画线。薄纸板模型画线是较为复杂的。画线时，一方面要对建筑物体的平立面图进行严密的剖析，合理地按物体构成原理分解成若干个面。另一方面，为了简化粘接过程，还要将分解后的若干个面按折叠关系进行组合，并描绘在制作板材上。

在制作薄纸板单体工作模型时，可以将建筑设计的平立面直接裱于制作板材上。具体做法是：先将薄纸板空裱于图板上，然后将绘有建筑物的平立面图喷湿，待数秒钟后，均匀地刷上经过稀释的糨糊或胶水并将图纸平裱于薄纸板上。待充分干燥后便可进行剪裁。

（2）剪裁　可以直接按事先画好的切割线进行剪裁。在剪裁接口处时，要留有一定的粘接量。在剪裁裱有设计图纸的工作模型墙面时，建筑物立面一般不做开窗处理。

（3）折叠、粘接　剪裁后，便可以按照建筑的构成关系，通过折叠进行粘接组合。折叠时，画与面的折角处要用手术刀将折线划裂，以便在折叠时保持折线的挺直。在粘接时，模型制作人员要根据具体情况选择和使用粘接剂。在做接缝、接口粘接时应选用乳胶或胶水作粘接剂，使用时要注意粘接剂的用量，若胶液使用过多将会影响接口和接缝的整洁。在进行大面积平面粘接时应选用喷胶作粘接剂。喷胶属非水质胶液，它不会在粘接过程中引起粘接面的变形。

在用薄纸板制作模型时，还可以根据纸的特性，利用不同的手段来丰富纸模型的表现效果。如利用“折皱”便可以使载体形成许多不规则的凹凸面，从而产生其各种肌理。通过色彩的喷涂也可使形体的表层产生不同的质感。总之，通过对纸板特性的合理运用和对制作基本技法的掌握，可以使薄纸板园林沙盘模型的制作更加简化、效果更加多样化。

2. 厚纸板模型制作基本技法

用厚纸板制作园林沙盘模型是现在比较流行的一种制作方法。主要用于展示类模型的制作。基本技法可分为选材、画线、切割、粘接等步骤。

（1）选材　这是制作此类模型不可缺少的一项工作。一般现在市场上出售的厚纸板有单面带色板，色彩种类较多。这种纸板给模型制作带来了极大的方便，可以根据模型制作要求选择不同色彩及肌理的基本材料。

（2）画线　在材料选定后，便可以依据图纸进行分解。把建筑物的平立面根据色彩的不同和制作形体的不同分解成若干个面，并把这些面分别画于不同的纸板上。画线时，模型制作人员一定要注意尺寸的准确性，尽量减少制作过程中的累计误差。同时，画线时要注意工具的选择和使用的方法。一般画线时使用的是铁笔或铅笔，若使用铅笔时要采用硬铅（H、2H）轻画来绘制图形，其目的是为了保证切割后刀口与面层的整洁。在具体绘制图形时，首先要在板材上找出一个直角边，然后利用这个直角边，通过位移来绘制需要制作的各个面。这样绘制图形既准确快捷，又能保证组合时面与面、边与边的水平与垂直。

（3）切割　画线工作完成后，模型制作人员便可以进行切割。切割时，一般在被切割物下边垫上切割垫（市场上有售），同时切割台面要保持平整，防止在切割时跑刀。切割顺序一般是由上至下、由左到右，沿这个顺序切割，不容易损坏已切割完的物件和已绘制完未被切割的图形。进行厚纸板切割是一项难度比较大的工序，由于被切割纸板厚度在1mm以上，切割时很难一刀将纸板切透，所以一般要进行重复切割。重复切割时，一方面要注意，刀角度要一致，防止切口出现梯面或斜面。另一方面要注意切割力度，要由轻到重，逐步加力。如果力度掌握不好，切割过程中很容易跑刀。在切割立面开窗时，不要一个窗口一个窗口切，要按窗口横纵顺序依次完成切割，这样才能使立面的开窗效果整齐划一。

（4）粘接　待整体切割完成后，即可进行粘接处理。一般粘接有三种形式：面对面、边对面、边对边。①面对面粘接主要是各体块之间组合时采用的一种粘接方式，在进行这种形式的粘接时，要注意被粘接面的平整度，确保粘接缝隙的严密。②边对面粘接主要是立面间、平立面间、体块间组合时采用的一种粘接形式。在进行这种形式的粘接时，由于接口接触面较小，所以一定要确保接口的严密性，同时还要根据粘接面的具体情况考虑进行内加固。③边与边粘接主要是面间组合时采用的一种粘接形式。进行这种形式粘接时，必须将两个粘接面的接口按粘接角度切成斜面，然后再进行粘接。在切割对接口时，一定要注意斜面要平直，角度要合适，这样才能保证接口的强度与美观。如果粘接口较长、接触面较小时，同样也可根据具体情况考虑进行内加固。

总之，接口无论采用何种形式对接，在接口切割完成后，便可以进行粘接了。在粘接过程中一定要考虑到这样几个问题：一是面与面之间的关系，也就是说先粘哪面后粘哪面；二是如何增强接缝强度和哪些节点需要增加强度；三是如何保持模型表层完成后的整洁。

在粘接厚纸板时，一般采用白乳胶作为粘接剂。在具体粘接过程中，一般先在接缝内口进行点粘。由于白乳胶自然干燥速度慢，可以利用吹风机烘烤，提高干燥速度。待胶液干燥后，检查一下接缝是否合乎要求，如达到制作要求即可在接缝处进行灌胶，如感觉接缝强度不够时，要在不影响视觉效果的情况下进行内加固。

在粘接组合过程中，由于建筑物是由若干个面组成，即使切割再准确也存在着累计误差。所以操作中要随时调整建筑体量的制作尺寸，随时观察面与面、边与边、边与面的相互关系，确保模型造型与尺度。另外，在粘接程序上应注意先制作建筑物的主体部分，其他部分如踏步、阳台、围栏、雨篷、廊柱等暂先不考虑，因为这些构件极易在制作过程中被碰损，所以只能在建筑主体部分组装成型后再进行此类构件的组装。

（5）修整　在全部制作程序完成后，还要对模型作最后的修整，即清除表层污物及胶痕，对破损的纸面添补色彩等，同时还要根据图纸进行各方面的核定。

总之，用纸板制作园林沙盘模型，无论是制作工艺还是制作方法都较为复杂，但只要掌握了制作的基本技法，就能解决今后实际制作中出现的各种问题，从而使模型制作向着理性化、专业化的方向发展。

三、木质模型制作基本技法

用木质材料制作园林沙盘模型是一种独特的制作方法。它一般是用材料自身所具有的纹理、质感来表现园林沙盘模型，它古朴、自然的视觉效果是其他材料所不能比拟的，主要用于古建筑和仿古园林沙盘模型制作。

1. 基本制作技法

基本制作技法可分为选材、材料拼接、画线、切割、打磨、粘接、组合等步骤。

（1）选材　木质模型最主要的是选材问题。因为用木板制作园林沙盘模型，主要是利用材料自身的纹理和色彩，表层不做后期处理，所以选材问题就显得格外重要。一般选材时应考虑如下因素：一是木材纹理的规整性，在选择木材时，一定选择纹理清晰、疏密一致、色彩相同、厚度规范的板材作为制作的基本材料。二是木材强度，在制作木质模型时，一般采用航模板，板材厚度是0.8 ~ 2.5mm，由于板材很薄，再加之有的木质密度不够，所以强度很低，在切割和稍加弯曲时，就会产生劈裂。因此，在选材时，特别是选择薄板材时，要选择一些木质密度大、强度高的板材作为制作的基本材料。

（2）画线　可以在选定的板材上直接画线。画线采用的工具和方法可以参见厚纸板模型的画线工具和方法。同时，此材料还可以利用设计图纸装裱来替代手工绘制图形。其具体做法是，先将设计图的图纸分解成若干个制作面，然后将分解的图纸用稀释后的胶水或糨糊（不要用白乳胶或喷胶）依次裱于制作板材上，待干燥后便可以进行切割。切割后，板材上的图纸用水闷湿即可揭下。此外，这里还应特别指出的是，无论采用何种方法绘制图形，都要考虑木板材纹理的搭配，确保模型制作的整体效果。

（3）切割　在画线完成后，便可以进行板材的切割。在进行木板材切割时，较厚的板材一般选用锯进行切割，薄板材一般选用刀进行切割。在选择刀具时，一般选用刀刃较薄且锋利的刀具，因为刀刃越薄、越锋利，切割时刀口处板材受挤压的力越小，从而减少板材的劈裂现象。此外，在木板材切割过程中，除了要选用好刀具，还要掌握正确的切割方法。用刀具切割时，第一刀用力要适当，先把表层组织破坏，然后逐渐加力分多刀切断。这样切割即使切口处有些不整齐，也只是下部有缺损，而决不会影响表层的效果。

（4）打磨　在部件切割完成后，按制作木模型的程序，应对所有部件进行打磨。打磨是组合成型前的最重要环节，在打磨时，一般选用细砂纸来进行。具体操作时应注意以下三点：一要顺其纹理进行打磨；二要依次打磨，不要反复推拉；三要打磨平整，表层有细微的毛绒感。在打磨大面时，应将砂纸裹在一个方木块上进行，这样打磨接触面受力均匀，效果一致。在打磨小面时，可将若干个小面背后贴好定位胶带，分别贴于工作台面成一个大面打磨，这样可以避免因打磨方法不正确而引起的平面变形。

（5）组装粘接　在打磨完毕后即可进行组装。在组装粘接时，一般选用白乳胶和德国生产的hart粘接剂，切忌使用502胶进行粘接。因为502胶是液状，黏稠度低，它在干燥前可通过木材的孔隙渗入到木质中，待胶液干燥后，木材表面则留下明显的胶痕，这种胶痕是无法清除掉的。而白乳胶和德国生产的hart粘接剂胶液黏稠度大，不会渗入到木质内部，从而保证粘接缝隙整洁美观。在粘接组装过程中，可参照厚纸板模型的粘接形式，即面对面、面对边、边对边。同时在具体粘接组装时，还可以根据制作需要，在不影响其外观的情况下，使用木钉、螺钉共同进行组装。

（6）修整　在组装完毕后，我们还要对成型的整体外观进行修整。

综上所述，木质模型的制作基本技法与厚纸板模型有较多共性，在一定程度上可以相互借鉴，互为补充。

2. 木板材拼接方法

在选材时，还可能遇到板材宽度不能满足制作尺寸的情况。在遇到这种情况时，就要通过木板材拼接来满足制作需要。木板材拼接一般是选择一些纹理相近、色彩一致的板材进行拼接，方法有如下几种。

（1）对接法　对接法是一种板材拼接常用方法。它首先要将拼接木板的接口进行打磨处理，使其缝隙严密，然后刷上乳胶进行对接。对接时略加力，将拼接板进行搓挤，使其接口内的夹胶溢出接缝，然后将其放置于通风处干燥。

（2）搭接法　搭接法主要用于厚木板材的拼接。在拼接时，首先要把拼接板接口切成子母口，然后在接口处刷上乳胶并进行挤压，将多余的胶液挤出，经认定接缝严密后，放置于通风处干燥。

（3）斜面拼接法　斜面拼接法主要用于薄木板的拼接。拼接时先用细木工刨将板材拼接口刨成斜面，斜面大小视其板材厚度而定，板材越薄，斜面则应越大。反之，板材越厚，斜面越小。接口刨好后，便可以刷胶、拼接。拼接后检查是否有错缝现象，若粘接无误，将其放置于通风处干燥。

四、有机玻璃板及ABS板模型制作基本技法

有机玻璃板和ABS板同属于有机高分子合成塑料。这两种材料有较大的共同点，所以一并介绍其制作基本技法。有机玻璃板和ABS板是一种具有强度高、韧性好、可塑性强等特点的园林沙盘模型制作材料。它主要用于展示类园林沙盘模型的制作，该材料制作基本技法可分为选材、画线、切割、打磨、粘接、上色等步骤。

1. 选材与画线放样

（1）选材　此类园林沙盘模型的制作，首先进行的也是选材。现在市场上出售的有机玻璃板和ABS板规格不一，其厚度从0.5 ~ 10mm，或者更厚。但用来制作园林沙盘模型板材厚度的有机玻璃板一般为1 ~ 5mm，ABS板一般为0.5 ~ 5mm。在挑选板材时，一定要观看规格和质量标准。因为，目前国内生产的薄板材，由于加工工艺和技术等因素影响，厚度明显不均，因此在选材时要合理地进行搭配。另外，在选材时还应注意板材在储运过程中，材料的表面很可能受到不同程度的损伤。往往模型制作人员认为板材加工后还要打磨、上色，有点损伤并无大问题。其实不然，若损伤较严重，即使打磨，喷色后损伤处仍明显留存于表面，后悔晚矣。所以，在选材时应特别注意板材表面的情况。在选材时除了要考虑上述材料自身因素，还要考虑后期制作工序，若无特殊技法表现时，一般选用白色板材进行制作，因为白色板材便于画线，同时也便于后期上色处理。

（2）画线放样　在材料选定后，就可以进行画线放样。画线放样即根据设计图纸和加工制作要求将建筑的平立面分解并移置在制作板材上。在有机玻璃板和ABS板上画线放样有两种方法：其一是利用图纸粘贴替代手工绘制图形的方法，具体操作可参见木质模型的画线方法；其二是测量画线放样法，即按照设计图纸在板材上重新绘制制作图形。在有机玻璃板和ABS板上绘制图形，画线工具一般选用圆珠笔和游标卡尺。用圆珠笔画线时，要先用酒精将板材上面的油污擦干净，用旧细砂纸轻微打磨一下，将表面的光洁度降低，这样能增强画线时的流畅性。用游标卡尺画线时，同样先用酒精将板材上面的油污擦干净，但不用砂纸打磨即可画线。用游标卡尺画线，可即量即画，方便、快捷、准确。画线时，游标卡尺用力要适度，只要在表层留下轻微划痕即可。待线段画完后，可用手沾些灰尘、铅粉或颜色，在划痕上轻轻揉搓，此时图形便清晰地显现出来。

2. 加工制作步骤

（1）建筑立面加工　在放样完毕后，便可以分别对各个建筑立面进行加工制作。其加工制作的步骤，一般是先进行墙线部分的制作，其次进行开窗部分的制作，最后进行平立面的切割。在制作墙线部分时，一般是用勾刀做划痕来进行表现的。在用勾刀进行墙线勾勒时，一方面要注意走线的准确性，另一方面要注意下刀力度均匀，勾线深浅要一致。在墙线部分制作完成后，便可以进行开窗部分的加工制作，这部分的制作方法应视其材料而定。

（2）选用不同工具　制作材料是ABS板，且厚度在0.5 ~ 1mm时，一般用推拉刀或手术刀直接切割即可成型。制作材料是有机玻璃板或板材厚度在1mm以上的ABS板时，一般是用曲线锯进行加工制作，具体操作方法是先用手摇钻或电钻在有机玻璃板将要挖掉的部分钻上一个小孔，将锯条穿进孔内，上好锯条便可以按线进行切割。如果使用1mm板材加工，为了保险起见，可以用透明胶纸或及时贴贴在加工板材背面，从而加大板材的韧性，防止切割破损。

（3）修整切割　待所有开窗等部位切割完毕后，还要用锉刀进行统一修整。修整时要细心，并且有耐心。修整后，便可以进行各面的最后切割。即把多余部分切掉，使之成为图纸所表现的墙面形状。此道工序除了用曲线锯来进行切割外，还可以用勾刀来进行切割。用勾刀进行切割时，一般是按图样留线进行勾勒。也就是说，勾下的部件上应保留图样的画线。因为勾刀勾勒后的切口是V形，勾下后的部件还需打磨方能使用，所以在切割时应留线勾勒，以确保打磨后部件尺寸的准确无误。

3. 打磨、粘接、组合

（1）初次打磨　待切割程序全部完成后，要用酒精将各部件上的残留线清洗干净，若表面清洗后还有痕迹，可用砂纸打磨，打磨后便可以进行粘接、组合。有机玻璃板和ABS板的粘接和组合是一道较复杂的工序。在这类模型的粘接、组合过程中，一般是按由下而上、由内向外的程序进行。对于粘接形式无需过多考虑，因为此类模型在成型后还要进行色彩处理。在具体操作时，首先选择一块比建筑物基底大、表面平整而光滑的材料作为粘接的工作台面。一般选用5mm厚的玻璃板为宜。其次在被粘接物背后用深色纸或布进行遮挡，这样便可以增强与被粘接物的色彩对比，有利于观察。

（2）粘接、组合　在上述准备工作完毕，便可以开始进行粘接组合。在粘接有机玻璃板和ABS板时，一般选用502胶和三氯甲烷作粘接剂。在初次粘接时，不要一次将粘接剂灌入接缝中，应先采用点粘、进行定位，定位后要进行观察。观察时一方面要看接缝是否严密、完好，另一方要看被粘接面与其他构件间的关系是否准确，必要时可用量具进行测量。在认定接缝无误后，再用胶液灌入接缝，完成粘接。在使用502胶做粘接材料时，应注意在粘接后不要马上打磨、喷色，因为502胶不可能在较短的时间内做到完全挥发，若马上打磨喷色，很容易引起粘接处未完全挥发的成分与喷漆产生化学反应，使接缝产生凹凸不平感，影响其效果。在使用三氯甲烷做粘接剂时，虽说不会产生上述情况，但三氯甲烷属有机溶剂，在粘接时若一次使用太多量的三氯甲烷，极易把接缝处板材溶解成黏糊状，干燥后引起接缝处变形。总之，在使用上述两种粘接剂进行各种形式的粘接时，都应该本着“少量多次”的原则进行。

（3）再次打磨　当模型粘接成型后，还要对整体进行一次打磨。打磨重点是接缝处及建筑物檐口等部位。这里应该注意的是，此次打磨应在胶液充分干燥后进行。一般使用502胶进行粘接时，需干燥1h以上；用三氯甲烷进行粘接时，需干燥2h以上才能进行打磨。打磨一般分二遍进行。第一遍采用锉刀打磨。在打磨缝口时，最常用的是20.32 ~ 25.4cm中细度板锉。在使用锉刀时要特别注意打磨方法。一般在打磨中，锉刀是单向用力，即向前锉时用力，回程时抬起，而且还要注意打磨力度要一致，这样才能保证所打磨的缝口平直。第二遍打磨可用细砂纸进行。主要是将第一遍打磨后的锉痕打磨平整。在全部打磨程序完成后，我们要对已打磨过的各个部位进行检验。在检验时，一般是用手摸眼观。手摸是利用感觉检查打磨面是否平整光滑，眼观是利用视觉来检查打磨面。在眼观时，打磨面与视线应形成一定角度，避免反光对视觉的影响，从而准确地检查打磨面的光洁度。

4. 再加工方法

在检验后，有些缝口若有负偏差时，则需做进一步加工，其方法有二。

① 选择与材料相同的粉末，堆积于需要修补处，然后用三氯甲烷将粉末溶解，并用刻刀轻微挤压，挤压后放置于通风处干燥。干燥时间越长越好，待胶液完全挥发后再进行打磨。

② 用石膏粉或浓稠的白广告色加白色自喷漆进行搅拌，使之成为糊状，然后用刻刀在需要修补处进行填补。填补时应注意该填充物干燥后有较大的收缩，所以要分多次填补才能达到理想效果。

5. 上色

上色是有机玻璃板、ABS板制作建筑主体的最后一道工序，一般此类材料的上色都是用涂料来完成。目前，市场上出售的涂料品种很多，有调合漆、磁漆、喷漆和自喷涂料等。当然在上色时，我们首选的是自喷漆类涂料，这种上色剂具有覆盖力强、操作简便、干燥速度快、色彩感觉好等优点。

（1）调合漆的操作程序　调合漆具有易调合、覆盖力强等特点，是一种用途广泛的上色剂。在进行园林沙盘模型上色时，调合漆的操作方法与程序和我们日常生活中接触到的操作方法和程序截然不同。在日常生活中，常用板刷来进行涂刷，使油漆附着于被涂物的表面，这种方法在日常生活中进行大面积上色时可以适用，但进行园林沙盘模型上色时，这种方法就显得太粗糙了。

在使用调合漆进行园林沙盘模型上色时，一般采用剔涂法。即选用一些细孔泡沫沾上少量经过稀释的油漆，在被处理面上进行上色时要注意其顺序，一般是由被处理面中心向外呈放射状依次进行，切忌乱涂或横向排列，否则会影响着色面色彩的均匀度。上色时也不要急于求成，要反复数次。每次上色必须等上一遍漆完全干燥后才可进行。这种上色法若操作得当，其效果基本上与自喷漆的效果一致。但这里应该指出的是，在利用着色法进行上色过程中，特别要注意以下几点：①操作环境。因为调合漆（经过稀料稀释后）干燥时间较长，一般需要3～6h，所以必须在无尘且通风良好的环境中进行操作和干燥。②用于剔涂的细孔泡沫在每进行一次剔色后应更新，以确保着色的均匀度不受影响。③在进行调合漆的调色时，使用者要注意醇酸类和硝基类的调合漆不能混合使用，作为稀释用的稀料同样也不能混合使用。④使用两种以上色彩进行调配的油漆，待下次使用前一定要将表层的干燥漆皮去除并搅拌均匀后才能继续使用。

（2）自喷漆操作步骤　先将被喷物体用酒精擦拭干净，并选择好颜色合适的自喷漆，然后将自喷漆罐上下摇动约20s，待罐内漆混合均匀后即可使用。喷漆时，一定要注意被喷物与喷漆罐的角度和距离。一般被喷物与喷漆罐的夹角在30°～50°之间，喷色距离在300mm左右为宜。具体操作时应采取少量多次喷漆的原则，每次喷漆间隔时间一般在2～4min。雨季或气温较低时，应适当地延长间隔时间。在进行大面积喷漆时，每次喷漆的顺序应交叉进行，即第一遍由上至下，第二遍由左至右，第三遍再由上至下依次转换，直至达到理想的效果。

在喷漆的实际操作中，如果需要有光泽的表层效果时，在喷漆过程中应缩短喷漆距离并均匀地减缓喷漆速度，从而使被喷物表层在干燥后就能形成平整而光泽的漆面。但应该指出的是，在喷漆时，被喷面一定要水平放置，以防漆层过厚而出现流挂现象。如果我们需要亚光效果时，在喷漆过程中要加大喷漆距离和加快喷漆速度，使喷漆在空中形成雾状并均匀地散落在被喷面表层，这样重复数遍后漆面便形成颗粒状且无光泽的表层效果。综上所述，自喷漆是一种较为理想的上色剂，但是由于目前市场上出售的颜色品种有限，从而给自喷漆的使用带来了局限性，如果在进行上色时在自喷漆中选择不到合适的颜色，便可用磁漆或调合漆来替代。

（3）磁漆　使用磁漆来进行表层上色时，其操作方法和自喷漆基本相同，但喷漆设备较为复杂，不适合小规模的模型制作，所以这里不做详述。

五、不同材料立体构成基本技法训练（李轩指导环境艺术专业学生作品）

1. 纸质构成训练

见图4-24。

图4-24　纸质构成训练

2. 木棍（木质）构成训练

见图4-25、图4-26。

图4-25　木棍构成训练

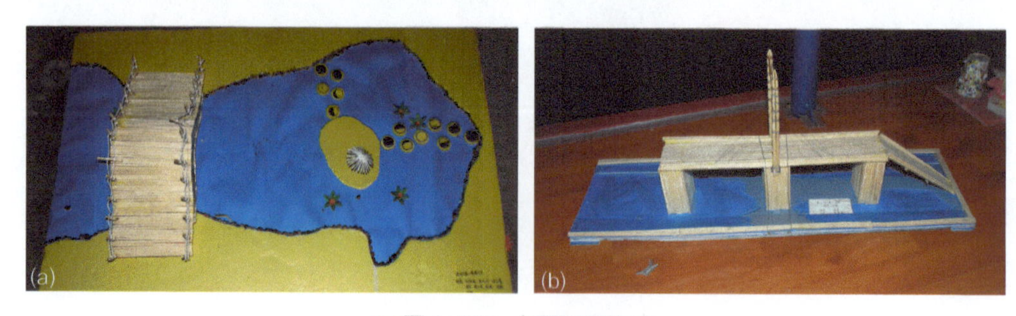

图4-26　木质园桥构成

3. 石膏、泥塑构成训练

见图4-27、图4-28。

■ 图4-27 石膏构成

■ 图4-28 泥塑构成

4. 金属线材构成训练

见图4-29。

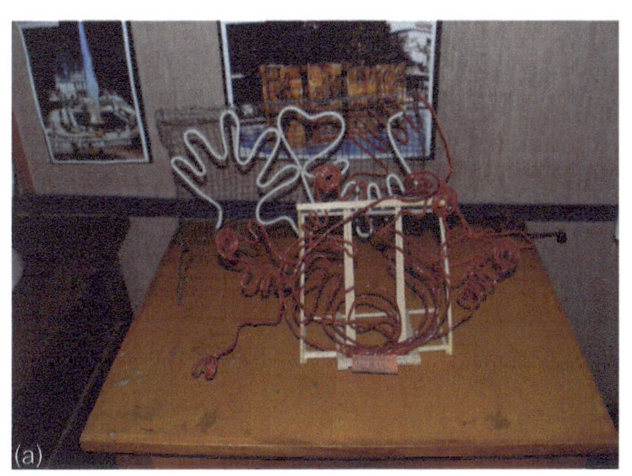

■ 图4-29 金属构成

5. 半成品构成训练

小游园基本构成见图4-30，小广场基本构成见图4-31。

■ 图4-30 小游园基本构成

■ 图4-31 小广场基本构成

■ 第三节 建筑及其硬质景观制作

一、建筑模型的制作

建筑单体模型分为建筑主体部分、建筑群楼部分及周边道路网、环境部分。在制作时要注意相互之间整体关系的协调。建筑主体部分是沙盘模型的构图中心，其制作要求精细程度高，包括建筑主体构筑、建筑细部添加以及材料质感、空间感、建筑色彩表现等。

1. 建筑模型的制作步骤

（1）绘工艺图 要绘制好建筑模型的工艺图，首先就要确定建筑模型的比例尺寸，然后按比例绘制出制作建筑模型所需要的平面图和立面图。

（2）排料画线　将制作模型的图纸码放在已经选好的板材上，在图纸和板材之间夹一张复印纸，然后用双面胶条固定好图纸与板材的四角，用转印笔描出各个面板材料的切割线。需要注意的是，图纸在板材上的排料位置要计算好，这样可以节省板料。

（3）加工镂空的部件　在制作建筑模型时，有许多部位如门窗等是需要镂空工艺处理的。可先在相应的部件上用钻头钻好若干个小孔，然后穿入锯丝，锯出所需的形状。锯割时需要留出修整加工的余量。

（4）精细加工部件　将切割好的材料部件夹放在台钳上，根据大小和形状选择相宜的锉刀进行修整。外形相同或者是镂空花纹相同的部件，可以把若干块夹在一起，同时进行精细的修整加工，这样可以很容易地保证花纹的整齐划一。

（5）部件装饰　在各个大面粘接前，先将仿镜面幕墙及窗格子处理好，再进行粘接。

（6）组合成型　将所有的立面修整完毕后，再对照图纸进行精心粘接。

2. 有机玻璃房屋的做法

（1）1/50、1/100、1/300房屋的做法一　①根据立面图纸选好全部有机玻璃片，在图纸和有机玻璃片之间垫上复写纸，用圆珠笔把立面图上的门、窗等位置描在有机玻璃片上。②用手摇钻或微型电钻等工具在有机玻璃片上将需要挖掉的门窗等位置钻出小孔。③将手工锯条穿入孔内，上好锯条按线将多余部分锯掉。④所有门窗等孔洞锯好后，用组锉修整，并在窗口后面粘上茶色透明有机玻璃，窗户即成。⑤将所有立面制作好后，按图纸粘合起来，一座房屋即告完工。

（2）1/50、1/100、1/300房屋的做法二　按立面图纸要求选好用料，在用料的背面用手术刀、刻刀等工具将需要制作的房屋立面划好，用手在有机玻璃片上擦几次把灰尘或颜色揉入划痕内（即铭线法），便能看清线条，其他做法同做法一。各立面做好后，即可按图纸将各面互相粘接起来，再粘上房盖、阳台、装饰线条等，一座房屋即告完成。

（3）1/500房屋的做法　按图纸要求选出各立面用料并进行加工，将门窗和其他要表示的内容用及时贴等材料按比例割好贴在有机玻璃片上，再将各立面粘接起来。

（4）1/1000、1/2000房屋的做法　用两种不同颜色的不透明有机玻璃片（有机玻璃片厚度视具体情况而定），按图纸的层高要求互相间隔叠粘在一起，而后加工成形，其特点是不用再装饰房屋立面，但变化不多，显得呆板。

3. 卡纸房屋的做法

① 将卡纸裱糊在图板上，视需要选择卡纸的厚度，卡纸干后不要取下来。

② 将建筑物的展开立面和所有要表示的内容绘在裱好的卡纸上，并预留粘接余量。

③ 用手术刀、刻刀等刀具刻出门窗等。

④ 用马克笔、毛笔、水粉笔、喷笔等或涂或喷上设计时所需颜色。

⑤ 裁下所有用料，用胶水、乳白胶等拼接成形。

4. 塑纸房屋做法

① 将吹塑纸和图纸、卡纸等裱糊在一起（增加厚度与硬度）。

② 其他做法与卡纸房屋相同。

③ 需要注意的是，吹塑纸模型不留粘贴余量，但在裁料时要将互相对接的两边各裁成45°角，以便粘成90°角。房屋中间还要用苯板做芯加固。

5. 住宅小区模型的制作过程

住宅小区模型是建筑单体模型的延伸，小区的规模有大有小，小的几万平方米，大的有几十万至上百万平方米的建筑面积；小区里面又有不同的组团和建筑形式，因此住宅小区模型是单体模型的深化，需要考虑到各个单体建筑作用之间的协调。小区模型一般要考虑几个方面，如建筑单体、配套设施、小区环境、广场道路、人车交通、围墙、小区大门等。

（1）布局缩放　小区模型的制作一般要根据总平面图将其缩放到相应的比例上，然后再在底盘上复制出相应的小区边界、小区内外道路网、小区内建筑的位置、树、铺地等，复杂的小区还有人车分流系统、上升或下沉广场、拼花铺地、地形高差、车库出入口等。有的小区首层有商铺，要将店铺的内饰橱窗等都做出来，营造出十分生动、逼真的气氛。

（2）色彩处理　从色彩上讲，小区的绿化要分为不同色彩，同一色相上的绿化也要做不同层次的区分才会显得生动。另外，从树种上分也有行道树、点景树、绿篱、草坪、灌木丛等不同层次。

（3）灯光渲染　小区灯光是现代模型效果中极为重要的一个环节，除了建筑内部灯光，还有外部射灯、路灯、庭园灯、地灯、廊灯等，夜晚灯光一照，可谓万家灯火。

小区模型是目前市场需求量较大的一种，原则上讲，几大要素的制作并没有固定的模式，允许做相应的突出夸张，效果好是唯一的标准。

6. 单体建筑模型景观图解

见图4-32～图4-42。

图4-32　住宅建筑有机板模型

图4-33　亭廊卡纸模型

图4-34　琉璃与铅质景观亭

■ 图4-35　花架木构模型

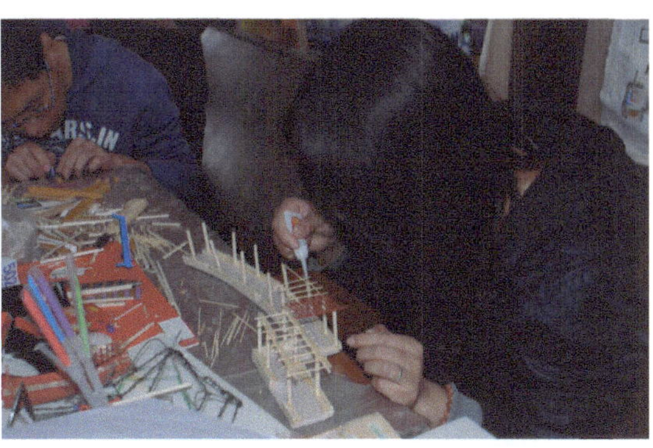

■ 图4-36　花架制作

(b) 砖窑

■ 图4-37　北方民居

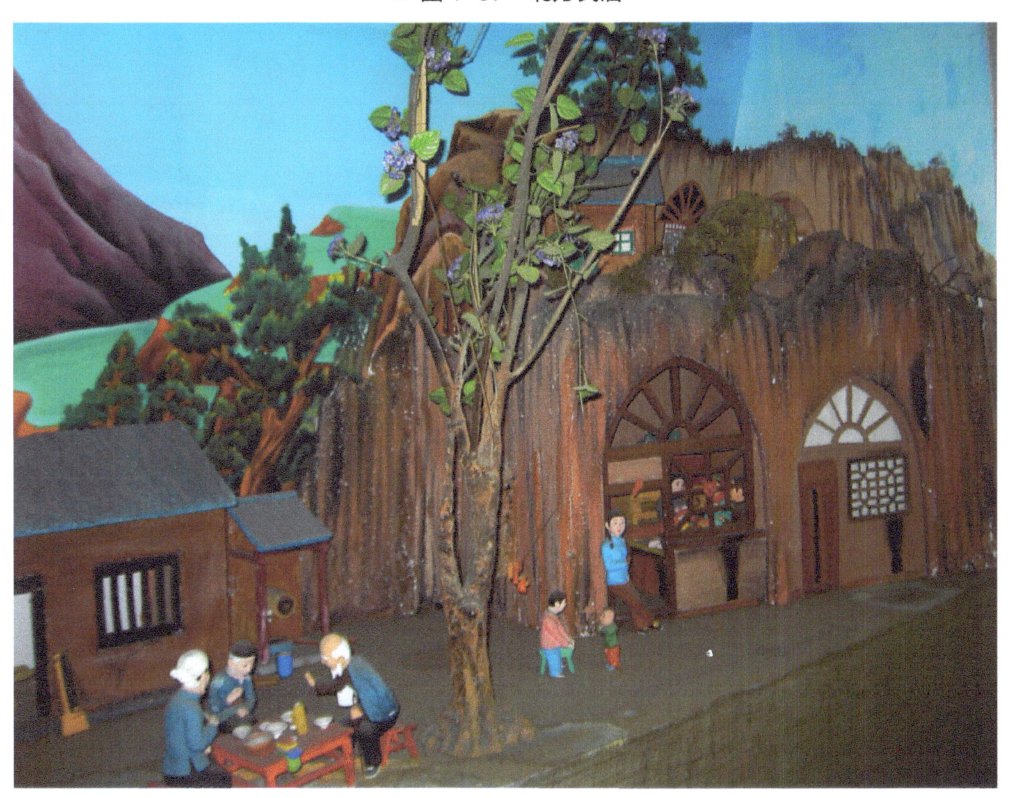

■ 图4-38　北方窑洞景观模型

■ 图4-39　单坡顶厢房

■ 图4-40　木质建筑模型

■ 图4-41　对称式四合院建筑

■ 图4-42　山西王家大院模型

二、室内剖面模型的制作过程

室内剖面模型有较强的功能性、直观性和趣味性，往往比较生动、逼真，通常是在房地产销售中用来指导销售不同的户型时使用。随着中国房地产业的迅速发展，室内剖面模型也日益显示出其不可替代的表现力，不仅是室内设计师用于构思创造室内空间的辅助设计手段，在设计产品的物业销售推广上，更是比单纯图纸更为具体、生动、写实的表现工具。

1. 室内剖面模型的分类

室内剖面模型的制作比例一般都较大，适合于家具制作和装饰、装修表现，分为横剖模型和纵剖模型。

（1）横剖模型　模型的横剖，是指从建筑的横断面即一般门窗的位置切开，用于表现室内房间朝向、位置、关系、空间格局以及展示不同空间的使用功能和装饰气氛。

（2）纵剖模型　纵剖是指从建筑的竖向切断，剖切位置中包括交通枢纽（楼电梯空间）和空间竖向变化丰富的部位，用于表现室内的纵向格局、不同楼层的功能分区、交通连接方式、空间立体变化等。

2. 建筑内外墙体制作

① 根据设计图纸，利用材料的不同厚度，按制作比例要求搭建室内格局。

② 墙体下料要方正，切割处要打磨平整，粘接墙体时接缝要细腻。胶痕应隐蔽，需要时用原子灰修补，细砂纸打磨。

③ 室内外墙体构筑完成后，外墙同建筑主体模型一样做色彩及质感处理，增添建筑外观的细部装饰；内墙根据室内设计对墙体、地面、地脚做装饰，在墙面喷涂墙漆或贴壁纸，地面可做石材、木地板、地砖、地毯等，地脚随同地面做相应处理。

④ 最后要提的是，许多舞台艺术如室内情景喜剧，因其搞笑、贴近生活、成本低等特点很受市场欢迎，其拍摄用的居室其实就是一个大的室内剖面模型，这是属于舞台美术的重要分支。

3. 室内家具制作

① 室内家具风格要同物业的档次、销售对象及室内设计整体构思相匹配，制作人员要多了解国内外家具业的发展趋势，掌握时尚家具的流行款式，并根据不同房间的使用要求来配备。

② 制作时要注意模型比例和家具尺寸，配置时要力求具有典型代表性，精炼而不繁杂，使空间在合理利用的同时又显得宽敞而舒适，而不是拥挤而狭小的。

③ 制作室内家具的材料品种很多，如ABS胶板、石膏、有机玻璃、纸板、布艺、聚苯板、木板等。

④ 在工艺上也是因地制宜、多种多样，可用电脑雕刻机制作出各式图案的构件并粘接成各式椅子、桌子、柜子、床等，也可用翻膜技术与热加工技术相结合，制作造型特殊、具有曲面的配件，如浴缸、洗面盆、坐厕、洗茶台、电视、冰箱、沙发等，最后，各种家具及配件均要经喷漆处理以达到仿真效果。

4. 室内装饰品制作

一个优秀和生动的室内模型除了要正确地表现室内外墙体构造装修、室内家具布置之外，还需要室内配饰来做点睛处理。

（1）室内装饰品的类型　室内装饰品是多种多样的，根据模型制作者的审美情趣和文化品位不同而丰富多彩，常见的有室内绿色植物、花卉、装饰画、雕塑、陶艺、灯具、装饰布艺（如沙发靠垫、床上用品、椅垫）、壁挂、装饰地毯、家用电器（如电视、音响、洗衣机、电冰箱、电脑、电话、空调等）、书籍。

■ 图4-43　欧式成品景观小品模型

（2）室内装饰品的做法　室内装饰品和所用材料可谓五花八门、因人而异，但也是由模型制作的基本技法演变而来并举一反三的。装饰品的制作更要求制作者要具有丰富的想象力、创造力，要注意在平时多积累素材，学习现实中的室内陈设，不断提高自身的生活品位。

三、硬质景观小品的制作

1. 景观小品模型图解

见图4-43 ~ 图4-52。

■ 图4-44　瓷质景观小品

■ 图4-45　木质景观小品

■ 图4-46　自制简易景观小品

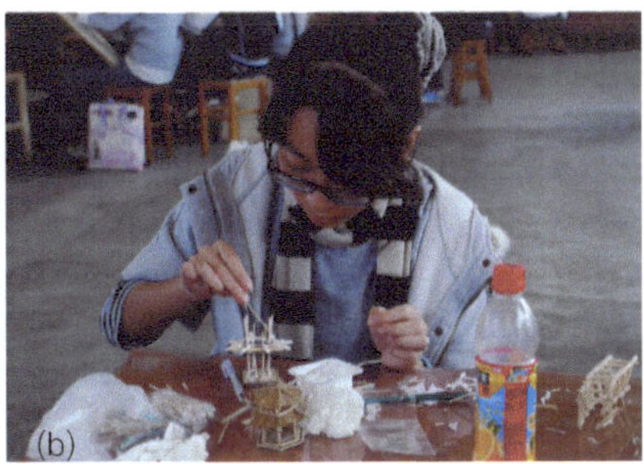

■ 图4-47　景观小品制作

■ 图4-48　景观粘接

■ 图4-49　栈桥模型

■ 图4-50　水车模型

■ 图4-51 儿童游乐设施景观模型

■ 图4-52 凤舞雕塑模型

2. 围墙、栅栏

按围墙的种类，可分成实体墙与透空墙，在制作围墙模型时可根据具体情况加以区分。实体墙用料可选有机玻璃片、卡纸、吹塑纸等，将其裁成小条，再用揉线法或用0.3的绘图针管笔分别画出清水砖墙、石墙等，粘在要表示的部位即可。透空墙建筑千变万化，但制作模型可以和制作雕塑与小品一样，不必要求与实体一致，只要能给人一种透空墙的感觉就算成功。围墙的制作方法有以下两种。

（1）缝纫机机轧法　取缝纫机针一根，将针头掐断5mm并安在缝纫机上。取0.5mm厚的赛璐珞片一张，大小随意，用缝纫机压脚将其压住，调好孔距，再用右手帮助缝纫机启动，左手送料，即可轧出等距圆洞直线。按墙高的要求，每条保存一排针孔裁下，粘在模型底台上就成了透空围墙。

（2）贴纸法　取1mm厚的透明有机玻璃片一张，大小随意，按墙高的要求裁成小条备用。取所需颜色及时贴一张，按裁好的有机玻璃片的宽度用软铅笔划好等距直线。取皮带冲子一个，其圆孔直径视围墙高度而定，在划好的直线上等距隔行打孔。用刀按线一条条裁下，粘在已裁好的有机玻璃条上，即成透空墙。如果事先在透明有机玻璃上用揉线法划出栏杆，则效果更佳。

（3）栅栏替代　一般在制作模型时，栅栏可略去不做。但有些栅栏必做不可，比如桥梁两侧的护栏、体育场看台的围栏等。从建筑物角度看，栅栏都很细小，在模型制作上有一定难度，完全相像不容易办到，但近似的办法还是有的。在1mm厚透明有机玻璃片上视其情况划出等距平行线，将黑色、棕色等丙烯染料涂进划痕，根据栏高要求按划痕垂直方向裁下，粘在所要求的位置上即成栅栏。

（4）栅栏制作　市场上出售的塑料窗纱有两种，一种是纱线能抽动的，另一种是不能抽动的。我们制作栅栏时要选用不能抽动的那种。具体做法如下：①取任意大小窗纱一块，染成所需颜色，用刻刀剪刀等将窗纱剪成小条；②将窗纱条用乳白胶（乳白胶干后有一定的透明度）贴在等宽的透明有机玻璃条上，干后即可应用。

3. 围栏、扶手

围栏的造型有多种多样。由于比例尺及手工制作等因素的制约，很难将其准确地表现出来。因此，在制作围栏时，应加以概括。

（1）复印制作法　制作小比例的围栏时，最简单的方法是先将计算机内的围栏图像打印出来，必要时也可用手绘。然后将图像按比例用复印机复印到透明胶片上，并按其高度和形状裁下，粘在相应的位置上，即可制作成围栏。

（2）划痕制作法　首先，将围栏的图形用勾刀或铁笔在1mm的透明有机板上作划痕，然后用选定的广告色进行涂染，并擦去多余的颜色，即可制作成围栏。此种围栏的制作方法在某种意义上说，与上述介绍的表现形式差不多，但后者就其效果来看，有明显的凹凸感，且不受颜色的制约。

（3）焊接制作法　在制作大比例尺的围栏时，为了使围栏表现得更形象与逼真，可以用金属线材通过焊接来制作。其制作的方法是，先选取比例合适的金属线材，一般用细铁丝或漆包线均可。然后将线材拉直，并用细砂纸将外层的氧化物或绝缘漆打磨掉，按其尺寸将线材分成若干段，待下料完毕后便可进行焊接。焊接时一般采用锡焊，电烙铁选用瓦数较小的。在具体操作时，先将围栏架焊好，然后再将栅条一根根焊上去即可。用锡焊接时，焊口处要涂上焊锡膏，这样能使接点平润、光滑。另外，在焊接栅条时，要特别注意排列整齐。焊接完毕，先用稀料清洗围栏上的焊锡膏，再用砂纸或锉刀修理各焊点，最后进行喷漆，这样便可制作出一组组精细别致的围栏。

我们还可以利用上述方法来制作扶手、铁路等各种模型配景。

此外，在模型制作中，若要求仿真程序较高时，也不排除使用一些围栏成品部件。

4. 电杆、路灯与路牌

在大比例尺沙盘模型中，有时在道路边或广场中制作一些电杆、路灯作为配景。

① 在制作此类配景时，一要特别注意尺度，二要注意在设计人员没有选形的前提下，路灯的形式与建筑物风格及周围环境的关系。

② 在制作小比例尺路灯时，最简单的制作方法是将大头针带圆头的上半部用钳子折弯，然后在针尖部套上一小段塑料导线的外皮，以表示灯杆的基座部分。这样，一个简单的路灯便制作完成了。

③ 在制作较大比例尺的路灯时，可以用人造项链珠和各种不同的小饰品配以其他材料，通过不同的组合方式，制作出各种形式的路灯。

④ 路牌是一种示意性标志物，由两部分组成。一部分是路牌架，另一部分是示意图形。在制作这类配景时，首先要按比例以及造型将路牌架制作好，然后进行统一喷漆。路牌架的色彩一般选用灰色，待漆喷好后，就可以将各种示意图形贴在牌架上，并将这些牌架摆放在盘面相应的位置上。在选择示意图形时，一定要用规范的图形，若比例尺不合适，可用复印机将图形缩至合适比例。

5. 汽车

汽车是园林沙盘模型环境中不可缺少的点缀物。汽车在整个园林沙盘模型中有两种表示功能。其一，是示意性功能。即在停车处摆放若干汽车，则可明确告诉对象，此处是停车场。其二，是表示比例关系。人们往往通过此类参照物来了解建筑的体量和周边关系。另外，在主干道及建筑物周围摆放些汽车，可以增强其环境效果。但这里应该指出，汽车色彩的选配及摆放的位置、数量一定要合理，否则将适得其反。目前，作为汽车的制作方法及材料有很多种，一般较为简单的制作方法有以下两种。

（1）翻模制作法　首先，模型制作者可以将所需制作汽车按其比例和车型各制作出一个标准样品。然后，可用硅胶或铅将样品翻制出模具，再用石膏或石蜡进行大批量灌制。待灌制、脱模后，统一喷漆，即可使用。

（2）手工制作法　利用手工制作汽车，首先是材料的选择。如果制作小比例的模型车辆时，可用彩色橡皮，按其形状直接进行切割。如果制作大比例汽车，最好选用有机玻璃板。具体制作时，先要将车体按其体面进行概括。以轿车为例，可以将其概括为车身、车棚两大部分。汽车在缩微后，车身基本是长方形，车棚则是梯形。然后根据制作的比例用有机玻璃板或ABS板按其形状加工成条状，并用三氯甲烷将车的两大部分进行贴接。干燥后，按车身的宽度用锯条切开并用锉刀修其棱角，最后进行喷漆即成。若模型制作仿真程度要求较高时，可以在此基础上进行精加工或采用市场出售的成品。

（3）制作实例　车辆的做法大同小异，材料可任意选择。下面以有机玻璃旅行车为例来说明车辆的制作步骤。①取2mm厚白色不透明有机玻璃片两块和1mm厚蓝色不透明有机玻璃片一块，将蓝色有机玻璃片夹在中间，用三氯甲烷粘牢。②干透后，将粘好的有机玻璃片锯下5mm宽一条。③在有机玻璃条上截下15mm一段，并将一端磨成斜面，将另一端四角磨圆，并在下部粘两条有机玻璃条，与车宽相同当车轴。④用皮带冲子在黑色不干胶纸或钻石贴上打4个圆，取下衬纸贴在有机玻璃条（车轴）两端即成车轮，模型汽车即告完成。如果是大比例尺汽车，可用及时贴粘上前、后灯及门、窗等。

6. 立交桥

（1）高架立交桥　高架桥制作比较简单，只要注意把桥面与路面的接头部分处理好就算成功，这里不做过多介绍。

（2）下沉立交桥　下沉立交桥做起来要比高架桥复杂，因为这种桥至少有一条路面低于地平面，在模型上就是低于底台面，因此要在底台上挖洞。挖洞的方法有两种：方法一，在需挖掉的部分挖四排孔，去掉两长边排孔间的连接部分，插入锯铁用的铁锯条，分别向两边割断，最后用平板锉修好；方法二，全部排孔，去掉两宽边、一长边孔间的连接部分，即可掰下来。将所挖的洞处理好后，即可选一块与底台面相同的材料，做成等宽、等长的弧形路面，将弧顶朝下拼接到洞内，这样下沉路面便告完成。

（3）多层立交桥　在立交桥的模型中，多层立交桥是最复杂的一种。在制作中要细心和耐心，遇到问题要冷静分析，由于桥的形状千变万化，这里不可能逐一介绍。下面说明一下桥面及桥墩的做法。①桥面制作。桥面可用整裁零补法，这种做法适用于任何材料。具体做法如下：取所需材料一块，将立交桥平面图绘在材料上；按线将桥面裁下；在圆形路面下边用相同材料连接起来，在圆形路面上方用相同材料也连接起来备用。②桥墩。因制作材料不同，桥墩制作下料稍有不同。如果使用卡纸应留有粘接余量，其他材料则不用。制作方法如下：按桥墩的宽、厚、高下出模型毛坯；将毛坯一端中间锯、割出一条直缝；将缝隙掰开或在烙铁上加热后再掰开，即成桥墩。最后，用桥墩将桥面支起来，再用前面已介绍过的制作方法做出人行道、栏杆、路灯等，立交桥模型即告完成。

7. 建筑小品

建筑小品包括的范围很广，如建筑雕塑、浮雕、假山等。这类配景物在整体园林沙盘模型中所占的比例相当小，但就其效果而言，往往起到了画龙点睛的作用。一般来说，多数模型制作者在表现这类配景时，在材料的选用和表现深度上掌握不准。

① 在制作建筑小品时，在材料的选用上要视表现对象而定。

② 在制作雕塑类小品时，可以用橡皮、纸黏土、石膏等。这类材料可塑性强，通过堆积、塑型便可制作出极富表现力和感染力的雕塑小品。

③ 如在制作假山类小品时，可用碎石块或碎有机玻璃块，通过黏合喷色，便可制作形态各异的假山。

④ 在表现形式和深度上要根据模型的比例和主体深度而定。一般来说，在表现形式上要抽象化。因为这类小品的物象是经过缩微的，没有必要也不可能与实物完全一致。有时，这类配景过于具象往往会引起人们视觉中心的转移。同时，也不免产生几分工匠制作的味道。一定要合理选用材料，恰当地运用表现形式，准确地掌握制作深度，只有做到三者有机的结合，才能处理好建筑小品的制作，同时达到预期的效果。

8. 标题、指北针、比例尺

标题、指北针、比例尺等是园林沙盘模型的又一重要组成部分。它一方面是示意性功能。另一方面也起着装饰性功能。有些模型制作者往往只注重了前者，而忽视了后者，从而常常草草了之，结果破坏了模型的整体效果。下面就介绍几种常见的制作方法。

（1）有机玻璃制作法　用有机玻璃将标题字、指北针及比例尺制作出来，然后将其贴于盘面上，这是一种传统的方法。此种方法立体感较强，醒目。其不足之处是由于有机玻璃板颜色过于鲜艳，往往和盘内颜色不协调。另外，在制作过程中，标题字很难加工得很规范，所以现在很少有人采用此种方法来制作。

（2）及时贴制作法　目前较多模型制作人员采用此种方法来制作标题字、指北针及比例尺。此种方法是，先将内容用电脑刻字机加工出来，然后用转印纸将内容转贴到底盘上。利用此种方法加工制作过程简捷、方便，而且美观、大方。另外，及时贴的色彩丰富，便于选择。

（3）腐蚀板制作法　这是用1mm左右的铜板作基底，用光刻机将内容拷在铜板上，然后用三氯化铁腐蚀，腐蚀后进行抛光，并在阴字上涂漆，即可制得漂亮的文字标盘。

（4）雕刻制作法　雕刻制作法是用单面金属板为基底，将所要制作的内容用雕刻机将金属层刻除，即可制成。

以上介绍的几种方法由于加工工艺较为复杂，并且还需专用设备，所以一般都是委托他人加工制作。这几种方法虽然制作工艺不同，但效果基本上一致。

总之，无论采用何种方法来表现这部分内容，文字内容要简单明了，在字的大小选择上要适度，切忌喧宾夺主。

第四节　软质绿化环境景观制作

在园林沙盘模型中，除建筑主体、水面、道路、铺装之外，大部分面积属于绿化范畴。绿化形式多种多样，其中包括树木、树篱、草坪、花坛等，因此，它的表现形式也不尽相同。就其绿化的总体而言，既要形成一种统一的风格，又不要破坏与建筑主体间的关系。用于园林沙盘模型绿化的材料品种很多，常用的有植绒纸、及时贴、大孔泡沫、绿地粉等。目前，市场上还有各种成型的绿化材料，但因受其种类与价格等因素的制约，而未被广大制作者接受。上面只是介绍了一般常用的绿化材料，其实在生活中的很多物品甚至是废弃物，通过加工也可以成为绿化的材料。

一、绿地制作

1. 绿地色彩及材料的选定

（1）多为深色调　绿地在整个盘面所占的比重是相当大的。在选择绿地颜色时，要注意选择深绿、土绿或橄榄绿较为适宜。因为，选择深色调的色彩显得较为稳重，而且还可以加强与建筑主体、绿化细部间的对比。所以，在选择大面积绿地颜色时，一般选用的是深色调。

（2）少用浅色调　但这里也不排除为了追求一种形式美而选用浅色调的绿地。在选择大面积浅色调绿地颜色时，应充分考虑与建筑主体的关系。同时，还要通过其他绿化配景来调整色彩的稳定性，否则将会造成整体色彩的漂浮感。

（3）邻近色处理　在选择绿地色彩时，还可以视其建筑主体的色彩，采用邻近色的手法来处理。如建筑主体是黄色调时，可选用黄褐色来处理大面积绿地，同时配以橘黄或朱红色的其他绿化配景。采用这种手法处理，一方面可以使主体和环境更加和谐，另一方面还可以塑造一种特定的时空效果。

2. 绿地制作方法

绿地虽然占盘面的比重较大，但在色彩及材料选定后，制作方法也较为简便。

（1）植绒法　按图纸的形状将若干块绿地剪裁好。如果选用植绒纸做绿地时，一定要注意材料的方向性。因为植绒纸方向不同，在阳光的照射下，则呈现出深浅不同的效果。所以，使用植绒纸时一定要注意材料的方向性。待全部绿地剪裁好后，便可按其具体部位进行粘贴。在选用及时贴类材料进行粘贴时，一般先将一角的覆背纸揭下进行定位，并由上而下进行粘贴。粘贴时，一定要把气泡挤压出去。如不能将气泡完全挤压出去，不要将整块绿地揭下来重贴，因为及时贴属塑性材质，下揭时用力不当会造成绿地变形。所以，遇气泡挤压不尽时，可用大头针在气泡处刺上小孔进行排气，这样便可以使粘贴面保持平整。

（2）仿真草皮或纸类　在选用仿真草皮或纸类作绿地进行粘贴时，要注意黏合剂的选择。如果是往木质或纸类的底盘粘贴时，可选用白乳胶或喷胶。如果是往有机玻璃板底盘上粘贴，则选用喷胶或双面胶带。在用白乳胶进行粘贴时，一定要注意胶液稀释后再用。在选用喷胶粘贴时，一定要选用77号以上的高黏度喷胶，切不可选用77号以下低黏度喷胶。

（3）喷漆法　现在还比较流行的是用喷漆的方法来处理大面积绿地，此种方法操作较为复杂。首先，要选择好合适的喷漆。一般选择的是自喷漆，因为自喷漆操作简便。其次要按绿地具体形状，用遮挡膜对不做喷漆的部分进行遮挡。在选择遮挡膜时，要注意选择弱胶类，以防喷漆后揭膜时破坏其他部分的漆面。另一种是先用厚度为0.5mm以下的PVC板或

ABS板，按其绿地的形状进行剪裁，然后再进行喷漆，待全部喷完干燥后进行粘贴。此种方法适宜大比例模型绿地的制作。因为这种制作方法可以造成绿地与路面的高度差，从而更形象、逼真地反映环境效果。

3. 山地绿化

山地绿化与平地绿化的制作方法不同。平地绿化是运用绿化材料一次剪贴完成的，而山地绿化则是通过多层制作而形成的。山地绿化的基本材料常用自喷漆、绿地粉、胶液等。

具体制作方法是：先将堆砌的山地造型进行修整，修整后用废纸将底盘上不需要做绿化的部分进行遮挡并清除粉末，然后用绿色自喷漆做底层喷色处理。底层绿色自喷漆最好选用深绿色或橄榄绿色。喷色时要注意均匀度，待第一遍漆喷完后，及时对造型部分的明显裂痕和不足进行再次修整，修整后再进行喷漆。待喷漆完全覆盖基础材料后，将底盘放置于通风处进行干燥，待底漆完全干燥后，便可进行表层制作。

表层制作的方法是：先将胶液（胶水或白乳胶）用板刷均匀涂抹在喷漆层上，然后将调制好的绿地粉均匀地撒在上面。在铺撒绿地粉时，可以根据山的高低及朝向做些色彩的变化。在绿地粉铺撒完后，可进行轻轻挤压，然后将其放置一边干燥。干燥后，将多余的粉末清除，对缺陷再稍加修整，即可完成山地绿化。

二、树木制作

树木是绿化的一个重要组成部分（见图4-53～图4-56）。在我们生活的大自然中，树木的种类、形态、色彩千姿百态，要把大自然的各种树木浓缩到不足楹尺的园林沙盘模型

图4-53　铜丝、扎丝树体制作

图4-54　不同形状树木制作成品

■ 图4-55 打孔

■ 图4-56 插树

中，这就需要模型制作者要有高度的概括力及表现力。制作园林沙盘模型的树木有一个基本的原则，即似是非是。换言之，在造型上要源于大自然中的树；在表现上，要高度概括，就其制作树的材料而言，一般选用的是泡沫、毛线、纸张等。

1. 用泡沫塑料制作树的方法

制作树木用的泡沫塑料，一般分为两种。一种是常见的细孔泡沫塑料，也就是俗称的海绵。这种泡沫塑料密度较大，孔隙较小，此种材料制作树木局限性较大。另一种是模型制作者常说的大孔泡沫塑料，其密度较小，孔隙较大，它是制作树木的一种较好材料。上述两种材料在制作树木的表现方法上有所不同，一般可分为抽象和具象两种表现方式。

（1）树木的抽象表现方法　一般是指通过高度概括和比例尺的变化而形成的一种表现形式。在制作小比例尺的树木时，常把树木的形状概括为球状与锥状，从而区分阔叶与针叶的树种。①在制作阔叶球状树时，常选用大孔泡沫塑料。大孔泡沫塑料孔隙大，膨松感强，表现效果强于细孔泡沫塑料。在具体制作中，首先将泡沫塑料按其树冠的直径剪成若干个小方块，然后修其棱角，使其成为球状体，再通过着色就可以形成一棵棵树木。有时为了强调树的高度感，还可以在树球下加上树干。②在制作针叶锥状树时，常选用细孔泡沫塑料。细孔泡沫塑料孔隙小，其质感接近于针叶树的感觉。另外，一般这种树木常与树球混用。所以，采用不同质感的材料，还可以丰富树木的层次感。在制作时，一般先把泡沫塑料进行着色处理，颜色要重于树球颜色，然后用剪刀剪成锥状体即可使用。

（2）树木的具象表现方法　所谓具象实际上是指树木随模型比例的变化和建筑主体深度的变化而变化的一种表现形式。在制作1∶300以上大比例的模型树木时，绝不能以简单的球体或锥体来表现树木，而是应该随着比例尺以及模型深度的改变而改变。在制作具象的阔叶树时，一般要将树干、枝、叶等部分表现出来。在制作时，先将树干部分制作出来。制作方法是，将多股电线的外皮剥掉，将其裸铜线拧紧，开按照树木的高度截成若干节，再把上部枝杈部位劈开，树干就制完了。然后将所有的树干部分统一进行着色。树冠部分的制作，一般选用细孔泡沫塑料。在制作时先进行着色处理，染料一般采用广告色或水粉色。着色时可将泡沫塑料染成深浅不一的色块，干燥后进行粉碎，粉碎颗粒可大可小。然后将粉末放置在容器中，将事先做好的树干上部涂上胶液，再将涂有胶液的树干部分在泡沫塑料粉末中搅拌，待涂有胶部分粘满粉末后，将其放置于一旁干燥。胶液完全干燥后，可将上面粘有的浮粉末吹掉，并用剪子修整树形，整形后便可完成此种树木的制作。

在制作此类树木时，应该注意以下两点：一是在制作枝干部分时，切忌千篇一律；二是在涂胶液时，枝干部分的胶液要涂得饱满些，在沾粉末后，使树冠显得比较丰满。

在制作针叶树木时，可选用毛线与铁丝作为基本材料。在具体制作时，先将毛线剪成若干段，长度略大于树冠的直径，然后再用数根细铁丝拧合在一起作为树干。在制作树冠部分时，可将预先剪好的毛线夹在中间继续拧合。当树冠部分达到高度要求时，用剪刀将铁丝剪断，然后再将缠在铁丝上的毛线劈开，用剪刀修成树形即成。

此外，用泡沫塑料也可以制作此类树木，具体制作方法和步骤与制作阔叶树木一样。但不同的是树冠直径较大，可先用泡沫塑料做成一个锥状体的内芯，然后用胶液贴上一定厚度的粉末，这样制作比较容易掌握树的形状。

2. 用干花制作树的方法

在用具象的形式表现树木时，使用干花作为基本材料制作树木是一种非常简便且效果较佳的方法。干花是一种天然植物，经脱水和化学处理后形成的植物花，其形状各异。

在选用干花制作时，首先要根据园林沙盘模型的风格、形式选取一些干花作为基本材料，然后用细铁丝进行捆扎，捆扎时应特别注意树的造型，尤其是枝叶的疏密要适中，捆扎后再人为地进行修剪。如果树的色彩过于单调，可用自喷漆喷色，喷色时应注意喷漆的距离，保持喷漆呈点状散落在树的枝叶上，这样处理能丰富树的色彩，视觉效果非常好。

另外，干花用于处理室内模型环境时，寥寥数笔的点缀，便可以使人产生一种温馨的感觉，极富感染力。总之，干花虽然在品种、色彩上有其局限性，但只要表现手法得当，便能收到事半功倍的效果。

3. 其他制作树的方法

（1）用纸制作树的方法　利用纸板制作树木是一种比较流行且较为抽象的表现方法。在制作时，首先选择好纸的色彩和厚度，最好选用带有肌理的纸张，然后按照尺度和形状进行剪裁。这种树一般是由两片纸进行十字插接组合而成，为了使树体大小基本一致，在形体确定后，可制作一个模板，进行批量制作，这样才能保证树木的形体和大小整齐划一。

（2）用袋装海藻制作树的方法　在大比例模型中，袋装海藻可做成非常漂亮的观赏树。这些海藻有淡绿色、深绿色、棕红色、绛红色，不用喷漆，把它们撕成大小、形状合适的比例树形，下面插上顶端带乳胶的牙签就可以了。把它们点缀于高档别墅周围，给人以不一般的感觉。

三、其他绿化景观制作

1. 树篱

树篱是由多棵树木排列组成，通过剪修而成型的一种绿化形式。在表现这种绿化形式时，如果模型的比例尺较小时，可直接用渲染过的泡沫或面洁布，按其形状进行剪贴即可。模型比例尺较大时，在制作中就要考虑它的制作深度与造型和色彩等。

在具体制作时，我们需要先制作一个骨架，其长度与宽度略小于树篱的实际尺寸。然后将渲染过的细孔泡沫塑料粉碎。粉碎时，颗粒的大小应随模型尺度而变化。待粉碎加工完毕后，将事先制好的骨架上涂满胶液，用粉末进行堆积。堆积时要特别注意它的体量感，若一次达不到预期的效果，可待胶液干燥后按上述程序重复进行。

2. 树池花坛

树池和花坛也是环境绿化中的组成部分。虽然面积不大，但处理得当，则起到画龙点睛的作用。制作树池和花坛的基本材料，一般选用绿地粉、大孔泡沫塑料、木粉末和塑料屑等。

（1）绿地粉　在选用绿地粉制作时，先将树池或花坛底部用白乳液或胶水涂抹，然后撒上绿地粉，撒完后用手轻轻按压，按压后再将多余部分处理掉，这样便完成了树池和花坛的制作。这里应该强调指出的是，选用绿地粉色彩时应以绿色为主，加少量的红黄粉末，从而使色彩感觉上更贴近实际效果。

（2）大孔泡沫塑料　在选用大孔泡沫塑料制作时，先将染好的泡沫塑料块撕碎，然后粘胶进行堆积，即可形成树池或花坛。在色彩表现时，一般有两种表现形式：一是由多种色彩无规律地堆积而形成；二是表现形式是自然退晕，即用黄逐渐变换成绿，或由黄到红等逐渐过渡而形成的一种退晕表现方法。另外，在处理外边界线方法时和用绿地粉处理截然不同。用大孔泡沫塑料进行堆积时，外边界线要自然地处理成参差不齐的感觉，这样处理的效果更自然、别致。

（3）塑料屑、木粉末　选用塑料屑、木粉末制作时，根据花的颜色用颜料染色，然后粘在花坛内，再将花坛用乳胶粘在模型中的相应位置上。制作模型或装修单位都有拉花锯，当锯有机玻璃时，尤其是锯红、黄两种颜色有机玻璃时，把锯末收集起来可以派上用场。如剪一小块植绒纸涂上泡沫胶，再撒上红、黄颜色锯末，去掉多余部分就成了花坛或花圃。

3. 色带与花坛景观图解

见图4-57、图4-58。

■ 图4-57　色带与花坛

■ 图4-58　粘贴色带与花坛

第五章

高档园林沙盘模型的制作

第一节　园林建筑单体模型制作要点

一、园林建筑模型结构彩色图解

（生态环境工程分院园林工程实训中心教学模型）

1．园林建筑单体综合模型

见图5-1。

图5-1　园林建筑单体模型

2. 园亭单体模型

见图5-2 ~图5-6。

■ 图5-2　四角亭模型结构

■ 图5-3　六角亭模型结构

■ 图5-4　六角亭（攒尖顶、圆笠顶）模型结构

■ 图5-5　四角重檐亭模型结构

■ 图5-6　八角重檐亭模型结构

3. 园廊单体模型

见图5-7、图5-8。

■ 图5-7　双面空廊卷棚顶模型结构

■ 图5-8　L形双面空廊卷棚顶模型结构

4. 牌坊单体模型

见图5-9。

■ 图5-9　三门四柱三楼牌坊门模型结构

6. 厅堂楼阁单体模型

见图5-10 ~图5-13。

图5-10　歇山顶厅堂模型结构

图5-11　硬山顶厅堂模型结构

■ 图5-12　厅堂楼阁模型内部结构

■ 图5-13　楼阁模型结构

二、亭廊架模型制作要点

1. KT板坡顶园亭模型制作

使用KT板、塑料透明膜两种主要材料，按1∶15或1∶20的比例制作坡顶形式、立体造型不同的坡顶园亭模型。

（1）制作材料和工具　材料：KT板、塑料透明膜、双面胶、透明胶带、白乳胶、大头针等。工具：三角板、直尺等绘图工具；墙纸刀、刀片、手术刀等切割工具。

（2）收集坡顶园亭的相关资料，讨论坡顶园亭的平面布局、立面造型、构造特点。

（3）熟悉常见的钢管方通、工字钢、槽钢等型材以及木结构材料的使用特性要求，能把木结构攒尖顶造型或钢结构金字塔造型分解成若干梁、柱、檩条体系。

（4）根据设计图样上平面、立面、剖面标注尺寸按比例确定坡顶园亭各个构件的下料尺寸。

（5）切割要细心精准，粘贴要结实。遇到构件连接出现误差的问题，要认真分析原因，及时修整或替换，保证模型构造要合理，比例尺度要符合形式美的观赏效果。

2. 欧式穹顶园亭结构模型制作

使用KT板材料或实木材料、金属杆件（线材）等，以手工或电动曲线锯、钢丝锯等工具切割、粘贴、拼装、组合等简易方法，按1∶10、1∶15或1∶20的比例制作高度、直径、造型有一些差异性的欧式穹顶园亭的结构模型。

（1）制作材料和工具　材料：KT板、木板、木线、胶合板、金属线材、金属管材、木工胶、白乳胶、双面胶、透明胶带、木螺钉、铁钉、大头针等。工具：圆规、曲线尺、三角板、直尺等绘图工具；墙纸刀、刀片、手术刀、美术刻刀、手锯、电动曲线锯等切割工具；电动打磨机、锉刀等打磨工具；锤子、钢钳、螺钉旋具等辅助工具。

（2）对传统的欧式穹顶园亭结构、构造形式、线角大样等进行综合分析。

（3）按KT板模型、实木模型、金属模型几个类型分成制作小组，分别结合KT板、实木、金属材料特点，根据设计图样上平面、立面、剖面标注尺寸按比例确定欧式穹顶园亭各个构件的下料尺寸。

（4）分工要有针对性，切割要细心，拼装组合对位要精准，粘贴固定、钻眼固定或焊接固定都要结实牢靠。

（5）弧形下料、曲线下料和罗马柱线角制作是欧式穹顶园亭模型制作的技术难点，在制作过程中需要成员之间及时沟通交流，反复磨合，校对和核准构件尺寸，以保证整体模型精致典雅的效果。

（6）若使用电锯、曲线锯、电钻等电动工具操作木质模型，要注意难度系数和复杂程度的把握。在创意模型阶段，讲究抓大放小、由粗到细的操作技巧，一旦发现问题要及时纠正解决。

3. KT板花架模型制作

使用KT板材料，以手工切割、粘贴、拼装、组合等简易方法，按1∶15或1∶20的比例分组制作若干个平面形式、立体造型不同的花架模型。

（1）制作材料　KT板、双面胶、透明胶带、白乳胶、大头针等。

（2）制作工具　三角板、直尺等绘图工具；墙纸刀、刀片、手术刀等切割工具。

（3）模型预备、下料图绘制　综合分析园林花架的外观形式、构件类型、连接工艺和受力特点，在此基础上确定模型制作方案。结合KT板板厚尺寸、毛面光面等特点，按比例确定花架各部件的下料尺寸。

（4）分工制作　下料切割要细心，粘贴要精准，拼装组合要结实牢靠，技法要简便实用。

（5）花架主体与底盘制作　底盘尺寸不宜过大，标示牌上要注明作品名称、制作成员名单和制作时间。

（6）模型检查和修正　对于个别细部瑕疵要进行必要的弥补或更换构件，以取得精致的外观效果。

4. 实木花架模型制作

使用实木板材和线条，以手工和电动工具相结合的方式，通过切割、开榫、凿孔、打磨、胶粘、拼装、组合等简易方法，按1∶15或1∶20的比例分组制作若干个平面形式、立体造型不同的实木花架模型。

（1）制作材料和工具　材料有实木条、木板、铁钉子、木螺钉、木工胶、乳胶、4115建筑胶、木胶泥（填缝材料）、砂纸等。工具有：三角板、直尺等绘图工具；手工锯、手电锯、手电钻、美工钩刀等切割工具；錾子、锉刀、电动打磨机等打磨工具；锤子、螺钉旋具、手钳子、扳手等辅助工具。

（2）动手制作前要对园林中常见的木花架、木廊架从平面、立面、构造技术、木结构受力特点等方面进行综合分析。结合实木线条、实木板尺寸、纹理等特点和榫卯构造连接工艺，确定下料方法。

（3）各成员合理分工，按操作流程控制工作进度，切割要细心、精准，无论是榫卯连接还是铁钉、螺钉的固定模式，模型组合拼装都要严丝合缝、结实牢靠。

（4）尝试手工钢丝锯下料的操作技巧，用力要均匀，手眼要配合一致，遇到走线跑偏时要及时矫正锯割角度，力求构件的锯线轨迹要笔直，并且与木材画线相吻合，尽可能减少误差和打磨工作量。

（5）梁柱、横条木等榫卯连接构件需要核对互相插入和咬合的尺寸，反复打磨修正直到对位精准；局部用木螺钉或小钉加固时可先用电钻定位打孔，然后均匀用力钉牢紧固，避免过大的振动而使构件受损。

（6）木结构主体建筑的立柱与木板底盘用木螺钉或铁钉固定；对于外观上的一些边角瑕疵，要检查接缝是否缝隙过大，可采用木胶泥填缝处理方法来保证外观面的平整效果。

5. KT板塑料膜园廊模型制作

使用KT板、塑料透明膜，以手工切割、裁剪、粘贴、拼装、组合等简易方法，按1：15或1：20的比例分组制作玻璃顶园廊模型。

（1）制作材料和工具　材料：KT板、塑料透明膜、双面胶、透明胶带、白乳胶、大头针等。工具：三角板、直尺等绘图工具；墙纸刀、刀片、手术刀等切割工具。

（2）动手制作前成员要对钢结构、玻璃顶形式的现代园廊从平面、立面、钢结构受力特点、构造工艺等方面进行综合分析。

（3）按操作流程完成KT板下料，切割要细心，拼装对位要精准。

（4）塑料膜下料和粘贴是技术难点，需要克服塑料透明膜柔滑而有弹性的缺点。在KT板檩条龙骨上粘好双面胶，把裁切好的塑料膜大致对准檩条部位（不要全部按下），然后仔细核准边角的放置尺寸后先从一个边角开始铺贴，速度要慢，张拉力要均匀，观察要敏锐，不要让塑料膜局部起褶皱，只有保证屋顶的平整度和美观度，看起来才更像玻璃的效果。建议选择稍厚一点的塑料透明膜，铺贴前就要凭借直尺和墙纸刀（或手术刀）精准地把“玻璃”屋顶裁切到位。

6. 实木园廊模型制作

使用实木板材、木线和有机玻璃板材料，以手工和电动工具相结合的方式，通过切割、开榫、打磨、胶粘、拼装、组合的基本方法，按1：15或1：20的比例制作实木园廊模型。

（1）制作材料和工具　材料：实木条、木板、2mm厚有机玻璃板、铁钉、木螺钉、木工胶、木胶泥（填缝材料）等。工具：三角板、直尺等绘图工具；手锯、电锯、电钻、美工钩刀等切割工具；锉刀、电动打磨机等打磨工具；锤子、螺钉旋具、钳子、扳手等辅助工具。

（2）对园林木结构坡顶园廊的平面布柱尺寸、剖面构造形式、立面外观特点等进行综合分析。

（3）结合实木线条、实木板、有机玻璃板尺寸和榫卯构造连接工艺，确定下料方法。

（4）按操作流程分工下料制作，切割要细心，梁柱、檩条等构件连接需要精准对位，榫卯连接或铁钉、螺钉拼装等要结实牢靠。

三、其他模型制作要点

1. KT板、卡纸洗手间单元模型制作

随着经济的发展和城市化进程的快速迈进，流动型、装配型洗手间在城市广场、街头绿地或公园绿地中具有广泛的推广价值。该类型洗手间一般由若干个标准厕位单元组成，具有环保、卫生和容易灵活布置的特点。使用KT板、彩色卡纸、及时贴、塑料透明膜、有机玻璃板等材料，以手工切割、裁剪、粘贴、拼装、组合等简易方法，按1∶10的比例制作公园流动型、装配型洗手间单元创意模型。

（1）制作材料和工具　材料：KT板、彩色卡纸、锡箔纸、及时贴、塑料透明膜、有机玻璃板、双面胶、透明胶带、白乳胶、胶水、大头针等。工具：三角板、直尺等绘图工具；墙纸刀、刀片、手术刀、剪刀等切割、剪裁工具。

（2）对公园流动型、装配型洗手间的布局形式、结构特点、构造技术、设备安装尺寸等进行综合分析。

（3）结合KT板、卡纸、有机玻璃板厚度尺寸，根据设计图样上平面、立面、剖面标注尺寸按比例确定流动型、装配型洗手间单元模型各个构件的下料尺寸。

（4）按统一的尺寸规格和操作流程下料，从切割、剪裁到拼装、组合，要精准对位。

（5）流动型、装配型洗手间创意模型，做工要精致，外观要体现出适宜的比例、尺度、色彩；各成员可以尝试多个标准单元体灵活的组合方式，探讨该项目能够适应多种地形环境的优势所在。

2. 实木板材绿色洗手间模型制作

使用实木板材、木线、彩色卡纸、塑料透明膜、有机玻璃板等材料，以手工和电动工具相结合，通过切割、裁剪、粘贴、拼装、组合等方法，按1∶10的比例制作不同平面布局、立面造型的公园绿色洗手间创意模型。

（1）制作材料和工具　材料：实木板材、多层胶合木板、木线、有机玻璃板、KT板、彩色卡纸、及时贴、塑料透明膜、海绵、草地粉、白乳胶、双面胶、透明胶带、喷漆、水粉颜料、木螺钉、铁钉、大头针等。工具：三角板、直尺等绘图工具；墙纸刀、刀片、手术刀、剪刀、手持式电锯、曲线电锯、电圆锯切割机等切割、剪裁工具；锤子、钢钳、扳手、螺钉旋具、锉刀等辅助工具。

（2）对公园绿色洗手间建筑的设计理念、空间组合形式、屋顶结构特点、构造方法、卫生器具、节水设备等进行综合分析。

（3）结合实木板材、木线的规格尺寸，根据设计图样按比例确定绿色洗手间建筑模型各构件的下料尺寸。

（4）掌握电锯、电刨、电钻等工具的操作要领，按操作流程循序渐进地完成木板、木条的下料；同时要及时打磨和校正构件尺寸，以便拼装、组合精准对位。

（5）将绿色、环保的生态理念融入创意模型中，并辅之以可行的技术处理手段作保障，不断增强技术创新意识；模型做工要精致，外观要美观。

3. 公园卖品店创意模型制作

当前我国各大、中、小城市都在加快城市公园的建设步伐，越来越重视公园内部绿化环境，很多旅游纪念品、冷饮小食品、文化艺术品等卖品店在城市公园里兴建，极大地便利了市民的物质和精神文化生活的需求。除此之外，卖品店在满足自身使用功能的同时，也要注重立面外观、造型风格与整体环境的协调和融合。KT板、瓦楞纸小型卖品店创意模型的

制作，平面、立面、造型样式可自行设计，建议卖品店建筑控制在三间房以内，面积控制在$100m^2$以内。使用KT板和其他纸质材料，按1：15或1：20的比例制作公园小型卖品店创意模型。

（1）制作材料和工具　材料：KT板、彩色瓦楞纸、卡纸、及时贴、塑料透明膜、有机玻璃板、双面胶、透明胶带、白乳胶、胶水、大头针等。工具：三角板、直尺、圆规、曲线板等绘图工具；墙纸刀、刀片、手术刀、剪刀等切割、剪裁工具。

（2）对公园卖品店的常见布局形式、结构特点、构造方法、柜台货架尺寸等进行综合分析。

（3）结合KT板、瓦楞纸、卡纸等厚度尺寸，根据设计图样和真实建筑实物的选材特点按比例确定卖品店建筑模型各构件的下料尺寸、外观色彩。

（4）按预定的操作流程下料，从切割、剪裁到分项制作，再到拼装、组合成形，要尽可能准确对位、精巧细致，充分体现出作品的造型艺术特点。

第二节　园林沙盘模型表面处理技法

一、表面处理前期准备

1. 表面处理的意义

不管采用何种方法制作成型的模型，表面往往不够平滑或留有刀痕、线痕、凹坑与刮痕。由不同的材料制作而成的模型部件彼此之间的连接，在模型接缝处也会产生折皱与起伏。所以在表面装涂之前就需要对模型的表面进行清理、修补、打磨等处理。

一件好的模型，不仅需要优美的造型、柔和的曲线、协调统一的形态，还需要清晰的细部刻画、恰当的表面肌理处理和色彩来表达（见图5-14～图5-17），这些都体现了对产品模型的表面处理修饰的重要性。

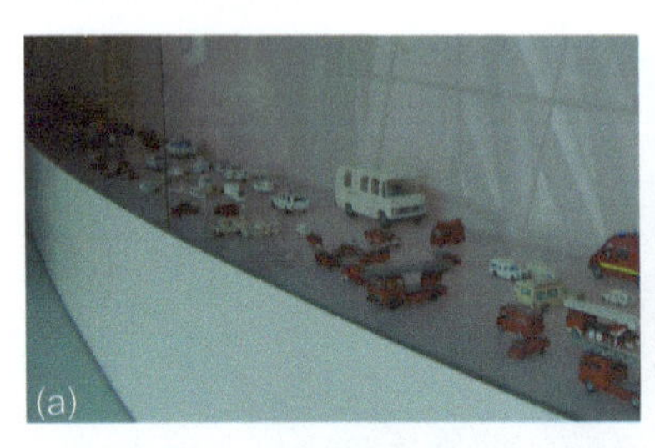
(a)

(b)

图5-14　汽车模型表面处理（德国）

(a)

(b)

图5-15　蜡像景观表面处理

■ 图5-16　青铜景观表面处理（西安）

■ 图5-17　泥塑表面处理（西安）

对于模型表面，特别是表现性模型的表面进行涂饰处理，可保证模型的设计与制作从形态到色彩的完整性。同时对模型表面进行的细致的装饰性效果处理，也体现出设计师对产品设计的综合表达能力，在产品样机展示、促销宣传活动中，成为真实有力的设计表达手段，同时也提升了设计情感的价值，赋予了模型制作在产品设计过程中的重要性。

在模型制作过程中，模型的色彩是通过对模型的涂饰来完成的，可以凭借涂饰材料来达到对模型色彩的表达。在模型的表面处理中，可以根据不同的需求选择不同种类的表面装涂材料和涂饰技术，如喷饰、手工涂饰等技术等都被广泛地应用于模型制作后期的表面处理上。

2. 涂漆前的表面处理

模型成型之后，要求表面达到平整光洁，可是在实际加工过程中，模型的表面常会留有刀痕、线痕、凹坑与刮伤等痕迹，不同形态的模型部件彼此的粘接处也会留有不平整现象。对于接缝、表面存在的缺陷，如不进行修补，而急于对模型表面进行喷漆或涂饰作业，会因模型表面凹痕、线状裂缝等缺陷的存在影响模型最终的整体效果，模型涂饰前的打磨修补工作就成为模型制作中必要的工作程序。

3. 打磨修补

要得到精致的模型，在涂饰前的表面打磨处理是一项非常重要的表面处理工序。表面处理的精细，在涂饰之后的模型自然精细和完整。所以打磨修补处理必须要耐心、仔细，一次又一次，直至表面非常细腻、平整，以达到精致和尽善尽美。

表面打磨处理时，首先必须检查模型各部分表面的光滑程度，如遇到凹坑、接缝、裂纹的地方必须先行用腻子修补。腻子可以用原子灰加上适量的固化剂充分搅拌后得到，如固化剂放入太多，腻子的固化速度快，就不能顺利施行修补工作。如固化剂加得太少，固化速度慢，在进行修补后，修补处的腻子需要很长的一段时间才能固化甚至无法完全固化，导致修补失败。一般在缺陷处修补用的腻子必须稠一些。在模型表面要求比较高的地方，如发现有刮痕、裂缝时，腻子必须调稀一些，调制好的腻子不可放置时间太长，否则会产生固化而影响修补工作。

修补缝隙时，可用ABS塑料板削成一定的宽度，比要补处宽出约2cm，前端削成斜面的刮刀，如果修补的是弧面或不规则曲面最好是用橡皮刮刀，把调制好的腻子刮补在要修补之处，把腻子压入要修补的缝隙处，并把表面刮平，去除多余的腻子，等待腻子干燥固化后就可以打磨。腻子一般的颜色为米黄色，固化时间视固化剂加入的多少而定。

对于模型表面普通的凹坑刮补腻子，必须在第一次大面刮补时完成。腻子固化后，在凹坑处大都会有稍为凹陷的弧状现象，这是因为腻子在固化过程中会产生收缩现象，形成下凹的弧面。所以必须进行第二遍刮补腻子，作业程序与第一次刮补过程一样。如果需要，还需重复进行多次操作，如此反复直到表面完全平整，补腻子作业才算结束。对于一般平整表面细微的裂痕做一次刮补操作即可完成。

模型的表面经修补后，可使用200目的粗砂纸轻轻打磨，直到把表面打磨平整为止，最后再用细砂纸或水砂纸轻轻研磨，直到补过的腻子处与其他表面同样光滑平顺才算完成，这样就为后续进行喷漆、涂饰等操作打下良好的基础。涂饰完成之后，还可以用机械抛光的方法求得更完美精致的表面。

机械抛光是在布轮机上装上毛棉质、纤维质布轮，加上研磨剂，利用机械旋转的作用磨抛模型表面，从而将模型的表面抛光擦亮的方法。机械抛光时，先将研磨剂少量涂在布轮边缘，然后将模型要抛光的表面轻轻地与布轮前下方成45° 的方向进行抛磨，并且要慢慢地移动模型以便进行抛光作业处理。布轮表面经常会有研磨剂硬化的颗粒，应及时清除，使布轮松软，以增强抛光的效果。

4. 涂料的应用

涂料是实现对物品色彩调节和给物品着色的最为合适的媒介和材料之一。从设计的角度来看，产品设计的意图就是依据产品的功能与形态之间的关系进行的，而形态与功能的协同统一，是离不开涂料的。

（1）不透明涂饰　当产品的材质为金属或塑料时，因金属或塑料容易出现锈蚀或老化，因此这类产品必须用涂料涂饰而加以保护。又因为金属或塑料的表面质感和色调单一，一般对它们均采用遮盖基体的不透明涂料（色漆或磁漆）进行不透明涂饰，此即将制件表面单一的质感和色调掩盖住，而使产品呈现出涂料所具有的色彩。在不透明涂饰中涂料的色彩作用显得极为重要。例如，近年来产品设计的形态趋向于简洁化，由此应特别注意避免涂饰上的单调性，而应充分运用色彩、光泽与表面质感的协调及统一，使产品的外观首先能给人们一种新颖和美好的感觉。

（2）透明涂饰　由于多种木材的表面都具有自然而优美的纹理，因此对木制品的涂饰与金属或塑料制品的涂饰是不同的，即对木制品一般是采用透明涂饰，这既可保护木制品不受腐蚀，不受脏污，又能显示出木制品表面纹理的自然美。为了强化木料纹理的美感，或使得一般木料显出具有贵重木料的自然色泽，可用染料或颜料给木制品表面着色，然后再涂饰清漆，也可在木制品表面经过砂粒磨光和去毛刺之后，直接涂饰相应色泽的透明漆。对于表面纹理不够优美清晰的木制品，或木制品上用料不一致而使其表面纹理不协调时也可以应用不透明涂饰，或者可采用仿木纹涂饰。

（3）有光和无光涂饰　对于不同产品其涂饰的光泽度的要求是不同的，例如对于汽车、摩托车及自行车等产品，涂饰时要求漆膜具有较高的光泽度，而对于仪器、仪表及计算机等产品，涂饰时则要求漆膜是半光或无光的。有光涂饰和无光涂饰主要取决于采用何种涂料。有光涂饰是应用各种有光磁漆，必要时还应加罩以清漆。有光、半光或无光磁漆之间的差别主要在于漆中体质颜料的含量不同，漆中的体质颜料含量低，则漆膜的光泽度高；漆中的体质颜料含量高，则漆膜的光泽度低。

（4）肌理涂饰　为使产品表面呈现出不同的材质感，可采用肌理涂饰。例如采用锤纹漆或皱纹漆涂饰后，可以使产品表面呈现出锤纹或皱纹肌理；若采用金属闪光漆或橘纹漆涂饰后，则可使产品表面呈现出金属材质感或橘纹状肌理。

二、表面处理工艺

1. 涂料的性质与装饰效果

为了选择合适的涂料，必须掌握各种涂料的性质以及涂膜特性的基本知识，即色彩、光泽、黏度、涂膜的硬度、附着性、耐候性以及涂装的工艺性、持久性、干燥时间、研磨性等。

（1）色彩　涂料的色彩主要是由颜料决定的。产品涂装色彩是否理想，与涂料的配色关系极大，涂料的配色一般理解为在制造涂料时按照涂料的组成设计分配，或者使用涂料时按照被涂饰的对象配色。着色颜料按它们在涂料使用时所显示的色彩可分为红、黄、蓝、白、黑、金属光泽等种类，可根据产品的要求进行配色，其基本原则和方法如下。

① 分清主、副色及各色间的关系和比例。根据产品设计对色彩的要求，对照颜色色板或色标，确定由哪几种颜色组成，分清主、副色以及各色间的关系和比例。所谓主色就是基础色，颜色含量大、着色力较强的颜色为副色。如灰色中白色为主色，黑色为副色，再如绿色中黄色为主色，蓝色为副色。经过分析后，小样调试，喷在样板上烘干，当与色板相比颜色色差较小或相等时才能大批调配使用。

② 涂料颜色采用“由浅入深”的原则。加入着色力较强的颜色时，应先加预定量的70%～80%，当色相接近时，要特别小心谨慎，应取样分别调试至符合原样要求。

③ 把握涂料颜色干、湿的特性。调色时要注意浅色一般要比原样稍深一点，深色比原样稍浅一点。因漆膜干后会出现“泛色”现象，即浅色烘干后比湿漆更浅，深色烘干后偏深。新涂的样板颜色鲜，干的样板显得颜色较暗，应将干样板浸湿后再进行比较。另外，颜料因未经分散处理，只能用色漆配制，否则会产生色调不匀和的斑痕现象。一般不同类型的涂料不能互相混合。

产品色彩与其使用功能、空间、部位、大小、形状、材质等有着多方面的联系，为了在设计时能准确无误地运用色彩，应该在色彩科学的基础上明确使用方法。产品的色彩运用与绘画的色彩运用有着显著的区别。产品是以实用效果和服务对象为目的，受一定的工艺生产局限性的制约。色彩的美观与否不在于所用的颜色多少，所谓“丰富多彩”是不能在一件产品上来体现的，关键在于利用物质材料和艺术处理的技巧产生出的效果，最好使之能少用颜色而出现多种色彩感的效果。

（2）光泽　油性涂料和合成树脂涂料，特别是热固性树脂类的合成树脂涂料光泽较好。挥发性涂料在进行上光处理时容易得到好的光泽效果。

（3）黏度　涂料的黏度对涂料涂饰工艺性能及涂膜的质量有着重要的影响。在实际涂饰时，相对应于一定的涂料及涂装方法必须有恰当的黏度。但是，即使是同系列的涂料，也具有同样的非挥发性的组分，由于树脂的重合度以及其他制造条件的差异，其黏度也是不同的。作为理想的涂料，当然是黏度小、非挥发组分的为好。另外，溶剂的种类不同，其加入量即使相同，黏度也会不同，这是由于溶剂溶解能力的差异所造成的。涂膜的厚度一般与涂料的黏度有关，黏度高时，厚度大。不能单从黏度来判断涂膜厚度，因为涂膜厚度与非挥发性组分之间有很大关系，即使黏度小，但非挥发性组分多时，涂膜厚度也大。

（4）硬度、附着性　涂膜一般要求具有附着性好、不易受外力划伤的特点（即硬度）。为了不受机械的外伤，单纯硬度高还不够，还必须具有足够的韧性，这样的涂膜既硬而又不脆。

（5）耐候性　刚涂装后的涂膜即使有优良的特性，但随着时间的延长，涂膜也会产生光泽减退、变黄、白恶化、龟裂、肃离等变化，这是由于日光中的紫外线、湿气、水分、氧以及其他机械损伤引起的。

2. 涂装的要素

模型产品表面要获得理想的涂膜，就必须精心地进行涂装设计，掌握涂装各要素。涂装工艺的关键即直接影响涂层质量的是涂料的选用、涂装施工方法等要素。

（1）涂料的选用　①在使用的对象和应用环境上，首先要明确涂料的使用范围，根据模型的不同用途和放置环境来选择相应的涂料。②使用的材质。涂料使用在哪种材质上与涂料的性能也有一定的关系。材质有金属、塑料、陶瓷、木材、橡胶、纸张、皮革等，而金属又分为钢铁、铝、铜、锌及其合金等，同一种涂料对于涂布物材质的不同，所得到的效果也不尽相同。例如，橡胶、纸张和皮革等物面，要求涂料有极好的柔韧性和抗张强度。③涂料的配套性。注意涂料的配套性，即采用底漆、腻子、面漆和罩光漆，要注意底漆应适应种种面漆，注意底漆与腻子、腻子与面漆、面漆与罩光漆彼此之间的附着力。了解配套性的重要性，不可把涂料随意乱用，甚至成分不一样的涂料随意混合，造成分层、析出、胶化等质量事故。④经济效果。在选择涂料品种时还要考虑经济原则，既要求一次施工费用少，也要考虑涂层使用的时间期限的长短，在计算成本时除了考虑涂料的费用外，还要计算涂料使用的不同寿命，总之要考虑综合的经济效果。不同用途的产品其功能及耐久性也有不同要求，还要根据加工的设施、设备条件来选择适合刷涂或喷涂以及能自干或烘干的涂料等。

（2）涂装施工方法　涂装施工方法的正确与否是充分发挥涂料性能的必要条件。涂料对于涂膜来说只能算是半制品，因此，严格地说涂料的最终产物应当是涂膜，而不是涂料本身。劣质的涂料当然不能得到优质的涂膜，但优质的涂料施工不当，也同样得不到优质的涂膜。判定涂料的质量，一般来说也主要是用涂膜性能的优劣来评定，涂膜的优劣不仅取决于涂料质量，更大程度上取决于形成涂膜的工艺过程及条件。如在未经良好表面处理的物面上涂装，将会引起涂膜脱落、起泡或产生膜下锈蚀；又如在不清洁的环境中涂装面漆，就不可能得到平整光滑的高级装饰性涂层。

3. 表面处理工艺（涂装技术）

涂装即是指将涂料涂布到经过表面处理的物面上而干燥成膜的工艺。在产品表面装饰处理中涂装工艺是应用最广泛的，其特点如下。

（1）选择范围广　即涂料的品种很多，中国现有上千种，还可根据产品造型的需要生产出各种不同性质的涂料产品，可供选择的余地多。

（2）适应性强　涂料既能涂装金属表面，也能很方便地涂装各类非金属材料表面，不受产品材质、形状、大小等限制，亦不影响被涂材料表面的性质。因此，在产品面饰工艺中，对材质的选择和表面涂装处理的方法均不受各种因素、条件限制。

（3）工艺简单　涂装工艺较之其他面饰工艺简单，一般不需要复杂的工艺设备，可根据具体产品的情况使用各种不同的施工方法，如刷、喷、浸、注、淋、浇、刮、擦以及电泳、静电、高压、无气、粉末喷涂等工艺手段等。

（4）成本低　涂料中大部分原料为合成材料，其原料来源丰富，便于就地取材，涂装的工艺也不复杂，故涂装成本比电镀、搪瓷、玻璃钢处理、磷化膜、分散性染料胶印、丝网漏印等工艺低廉。不但可应用于模型制作的表面装涂，同时适用于量大面广的工业产品面饰的需要，有较好的经济效益。

（5）面饰效果好　绝大多数工业产品所获得的五彩缤纷的色彩主要是采用涂装工艺来实现的。经过涂饰的表面效果好，涂膜有一定的光泽，组织细密，覆盖力强，视觉质感和触觉质感好，具有体现工艺美的人为质感效果。

4. 一般涂装施工方法

要保证涂层经久耐用，就必须符合使用要求，充分发挥涂料的装饰和保护作用，涂装工艺一般包括漆前面层处理、涂装施工方法和干燥三大步骤。漆前表面处理是施工前的准备工作，它关系着涂层的附着力和使用寿命，直接影响涂装的质量。所谓漆前表面处理，即指漆前清除被涂物表面上的所有污物，如油污、铁锈、氧化皮、灰尘、焊渣、盐碱斑等，或用化学方法生成一层有利于提高涂层防腐蚀性的非金属转化膜的处理工艺。根据表面处理过程中使用的材料和机械不同，可把表面处理分为化学处理和机械处理。表面处理对于金属件和非金属件，需处理的杂质和处理的方法随被涂物的用途、要求、施工方法、涂料品种而有所不同。下面重点介绍一般涂装的方法。

（1）浸涂　它是将被涂物浸入涂料中，提起、滴尽多余涂料而获得涂膜的方法。浸涂的特点是生产效率高，操作简便，涂料损失少，比较经济。这种方法适用于形状复杂的骨架状被涂物及各种金属部件和小零件等内外表面的涂装，常用作第一涂层。

（2）淋涂　它是将涂料淋浇到被涂物上，随后滴尽多余的涂料而成涂膜的方法。这是一种经济高效的涂装法，适合流水线生产。与浸涂法相比，淋涂的优点是用漆量少（约为浸涂的1/5），适用于因漂浮而无法浸涂的中空容器或浸涂时产生“气色”的物体的涂装，其缺点是溶剂耗量大，淋涂的黏度一般较浸涂高。为使淋涂不受环境温度的影响，一般漆温保持在20 ~ 25℃。

（3）喷涂　它是将涂料雾化后喷到被涂物上面获得涂膜的方法。涂料雾化主要使用的三种方法为空气压力、机械压力和静电法。空气喷涂是一般的喷涂法，其优点是适用于形态复杂的零件喷涂，设备简单、适用、成本低、应用范围广，其缺点是漆雾飞散、涂料损耗较为严重。

（4）电泳涂装法　电泳涂装法为水溶性涂料的涂装方法。电泳涂装的优点：①无火灾危险，避免环境污染；②涂装效率和涂料利用率高；③涂膜厚薄均匀，且可定量控制；④附着力和机械性能良好。

（5）粉末涂装　粉末涂料是一种100%呈粉末状的无溶剂涂料。粉末涂装可分为粉末熔融法和静电粉末涂装法。

5. 喷漆及其喷漆工艺

模型表面的涂饰方法很多，根据模型制作的材料可采用涂刷、粉状喷涂、浸渍、喷雾涂饰等多种方法。其中，喷雾涂饰法有空气喷雾、液压喷雾、静电、热温、电离等喷雾方法。由于上述方法牵涉到许多设备，所以在手工模型制作中一般常用涂刷法与喷雾法为最多，喷雾法中又以空气喷雾最为广泛。喷雾法使用的工具有空气喷枪或直接采用罐装喷漆来完成模型的表面装饰工作。

喷漆时应该注意：①戴口罩，避免吸入喷涂材料对身体造成伤害。②顺风向喷漆。③避免在高温中喷漆。④下雨时因大气中湿度高，喷漆后不易取得光亮的表面，故不要选择潮湿的天气喷漆。⑤涂料必须完全搅拌均匀。⑥喷漆前，模型表面先用吹风机吹干净，以免喷后表面有污物存在，影响表面效果。⑦喷漆完成之后，待完全干燥再移动模型。⑧喷漆室要保证干净。

要达到对模型进行完美的表面处理，应多加练习，才能达到预想的效果。

三、模型表面的文字与标志处理

在对模型的表面进行处理完成之后，因机能关系的需要，常常需要加入必要的文字说明或标志，以说明它的功能、操作方式、制造商、商标及产品型号，所以必须再做这方面的处理。模型表面的文字、标志主要内容为产品说明和产品名称。在模型上对于产品说明这一类内容必须重点强调它的说明性，必须能清晰地向使用者说明产品的的使用方式，内容可以是文字也可以是图形标志，应将这一类说明贴置在使用者所操作的产品界面上。

1. 干转印字法

对于模型上的文字可以使用干转印字的方法，这种方法是把干转印纸的文字转印到模型上去。干转印纸是一种塑料薄膜，背部印有不同字体的反体字，从正面看为正体字，在干转印纸背面有一层不干胶。转印时把转印字正面朝上，在需要印字的地方稍微用力在字上加压，此时字体就会粘到模型表面上去。现有的干转印纸提供多种字体和各种常用的图形标志，还有不同的色彩文字供选择，是模型制作后期表面处理极为方便的材料。

2. 丝网印法

把需要转印的文字或图形先行制作，镌刻在绢版上，浮高1 ~ 1.5mm，再做硬质橡胶刮板沾油墨，一次把油墨刷在绢版上，把绢版放置在模型表面需印刷的位置，稍微用力刮刷，移开绢版文字即可印在模型上。

3. 镶嵌法

在模型上预先留稍微下凹的槽，然后把事先印刷好的透明塑料薄片裁成比凹槽边沿略小0.1 ~ 0.2mm的字符镶贴在槽内，一般使用的薄片以0.3mm为好。

还可以根据实际需要预先在模型上留出不同深度的槽，把印刷好的不同材料的片材贴在槽内。

如果是较大的模型，转印的内容字体较大、图案内容较多，则可以使用薄的不干胶纸经电脑按所要的字体和内容进行刻字，然后贴置于模型上，以上方法只要经过细心处理都能达到很好的装饰效果。

不管采用何种方式处理，都必须特别注意文字与图案的完整性、整齐性，而且要保持模型的清洁。

■ 第三节　色彩在园林沙盘模型中的运用

在园林沙盘模型制作中，色彩的处理是一个非常重要的因素（见图5-18～图5-21）。园林沙盘模型的色彩是借助于普通色彩学的基本理论而形成的，在进行园林沙盘模型色彩的处理时，作为模型制作人员除了要运用普通色彩学中的有关基本理论外，还要将园林沙盘模型中的有关制约色彩表现的因素融入到普通色彩学中综合考虑，这样不仅能处理好色彩在园林沙盘模型中的运用，而且还能创造出完美的视觉效果。

■ 图5-18　泥塑色彩处理

■ 图5-19　景观上色

图5-20 财神色彩处理（广州）

图5-21 戏曲色彩景观模型（西安）

一、色彩基础

1. 色彩的基本构成

普通色彩学中的三原色、三间色、六复色，是园林沙盘模型色彩构成的主要颜色。原色（红、黄、蓝）又称一次色，其纯度高，是调制其他色彩的基本颜色。间色又称二次色，它是两种原色等量相加调配而成的，纯度低于原色，如黄+红=橙，黄+蓝=绿，红+蓝=紫，这三种颜色称为三间色。

复色又称三次色，它由原色和间色不等量相加调制而成，故纯度低于原色和间色。复色共有六色，即黄+橙=黄橙，红+橙=红橙，蓝+紫=蓝紫，黄+绿=黄绿，红+紫=红紫，蓝+绿=蓝绿，这六种颜色又称六复色。

上述三原色、三间色、六复色再通过等量与不等量相加，又派生出调合色、对比色及补色，从而构成了园林沙盘模型色彩表现的基本色。

作为模型制作人员，不但要掌握上述基本调色原理，而且还要掌握颜色的属性及其他的色彩知识，并根据园林沙盘模型制作表现的内在规律来调制所使用的各种色。

2. 材料本色的利用

在园林沙盘模型制作中，有很多地方是利用材料的本色进行制作，如玻璃部分、金属构件、木质构件等，人为的色彩处理根本不能表达材料自身的色彩和效果，所以在这部分的色彩表现上必须利用材料自身的本色。

3. 二次成色的利用

在园林沙盘模型制作中，二次成色的利用相当广泛，这是因为原材料的色彩不能满足园林沙盘模型制作的色彩要求，只能利用各种制作手段和色彩调配，改变原材料的色彩，形成所要表现的色彩。

二、园林沙盘模型色彩的调色

园林沙盘模型色彩的调色是一个非常复杂的环节。在进行调色时，模型制作人员一定不要根据效果图或设计人员给定的一块色标简单、机械地调制色彩，一定要注意影响调色的诸多因素。如果在调色时忽略了这些因素，将会影响园林沙盘模型色彩的表达。

1. 环境因素

模型制作人员在进行园林沙盘模型色彩的调色时，应特别注意环境因素的影响。

（1）操作环境　操作环境是影响色彩调制准确性的因素之一。在进行色彩调制时，一般应在白色衬底上进行配制。因为在白色衬底上进行调色便于观察，同时也可以避免其他色彩对调色准确性的干扰。

（2）光环境　光环境是影响调色准确性的另一重要因素。为了避免这种因素的影响，在进行色彩调制时，一般应选择在光线充足且散射光的环境下进行。因为阳光直射容易引起色彩和容器的反光，从而影响操作人员调制色彩的准确性。

2. 尺度因素

众所周知，园林沙盘模型与足尺建筑具有完全缩比的关系，而一般设计人员给定的色标则是足尺建筑物概念的颜色。若以这块色标为依据去调制园林沙盘模型实际使用的色彩，往往不能表达设计人员想象中的色彩。其原因并非调色而造成的，而真正原因正是尺度因素的影响。实际上，尺度因素影响也与视觉占有量有关，也就是说，当把设计人员给定的小块颜色扩大时，会感觉到加大后的色块比原来的小块颜色明度降低了许多，这一现象正是尺度因素与视觉占有量之间的相互影响。所以，在调配色彩时，一定要根据色标和园林沙盘模型制作比例来调整色彩的明度。

3. 工艺因素

在进行建筑物喷色时，模型制作人员为了使建筑物的色彩效果更贴近于建筑材料的质感，常采用各种方法和工艺来进行喷色。正是这种制作工艺的不同，使其色彩的明度产生了变化。如为了追求涂料的质感，经常采用亚光的效果来进行制作，这种方法引起了色彩明度的降低。所以调色时，应根据喷色工艺来调整色彩的明度，从而避免因工艺因素引起的色彩感觉误差。

4. 色彩因素

在进行园林沙盘模型调色时，色彩自身的因素对调色有着重要的影响。由三原色、三间色、六复色的混合产生出众多的色彩，由于不同色相、纯度、明度形成了鲜明的对比，从而又派生出冷暖、明暗、扩张与收缩等色彩关系。在前面我们已经讲过，园林沙盘模型是具有三度空间的物体。因此，冷暖、明暗、扩张与收缩等色彩关系，将直接影响人们对园林沙盘模型的视觉感受。所以在调配色彩时，要通过调整色彩明度和纯度来改变上述色彩的关系，修正园林沙盘模型在视觉中尺度的扩张与收缩。

三、模型色彩的配置

模型的体块、造型如同人的身材，而色彩与质感是人的脸面与服饰，和谐的色彩能给人留下完美的第一印象。需要注意的是，模型制作者会在外观的着色上做些颜色试验，而由自己所调配出的所有颜色，都应当尽可能地保存好，这样才能在事后追加改变或修补损害时用完全一样的色调来处理。水溶性颜料在干燥之后颜色会变得稍微明亮些，而油性颜料和油漆则会显得较为深暗。对于模型着色方面来说，少量的色料在颜料管中或是小盆子里比存放在大桶里要好得多，因为后者剩余的部分将会干掉。

1. 模型主体色彩

模型主体的色彩与实体建筑色彩不同，就其表现形式而言，模型主体的色彩表现形式有两种，一种是利用模型材料自身的色彩，体现的是一种纯朴的、自然的美；另一种是利用各种涂料进行表层喷涂，产生色彩效果，这种表现形式体现的是一种外在的形式美。在当今的模型主体制作中，较多地采用了后一种形式进行色彩的处理，模型制作者一定要根据表现对象及所要采用的色彩种类、色相、明度等进行设计制作。

（1）注意色彩的整体效果　在进行制作设计时，首先应特别注意色彩的整体效果，因为模型是在楹尺间反映个体或群体建筑的全貌，每一种色彩同时映射入观者眼中产生出综合的视觉感受，若处理不当，哪怕是再小的一块色彩也会影响整体的色彩效果。所以，在建筑模型的色彩设计与使用时应特别注意色彩的整体效果。

（2）注意模型色彩的装饰性　建筑模型的色彩具有较强的装饰性。就其本质而言，建筑模型是缩微后的建筑物。因而，色彩也应作相应的变化，若一味追求实体建筑与材料的色彩，那么呈现在观者眼中的建筑模型色彩会感觉很“脏”。

（3）注意建筑的性质与色彩　建筑模型主体的色彩与建筑的性质有关。常规设计中住宅为暖色调，公共建筑为冷色调；活泼性质的偏暖色调，庄重性质的偏中性或冷色调；南方区域偏浅色，北方区域偏深色（光暖问题）。大部分情况下由设计者决定，但并不给模型制作者色样，而仅给出色相范围。如暖色的毛面花岗岩、冷色铝板、白色构架等较大的选择余地，在这些范围内可调出许许多多的色彩，暖色的花岗石偏黄、偏白，深色的近赭石、近熟褐。白色构架也要根据整体色相来定为冷色白或暖色白，具体选用哪一种才能将模型的特点真实地再现出来，则取决于模型制作者的色彩感觉。例如，在众多的色彩中，蓝色、绿色等明度较低的冷色调色彩，在作建筑模型表层色彩处理时会给人视觉上造成体量收缩的感觉；而红色、黄色等明度较高的暖色调色彩，则会给人造成体量膨胀的感觉。当在这两类色彩中加入不同量的白色时，膨胀与收缩的感觉也随之发生变化，这种色彩的视觉效果是由于色彩的物理特性形成的。又如，在设计使用色彩时，通过不同色彩的搭配和喷色技法的处理，还可以体现不同的材料质感，我们通常见到的石材效果，就是利用色彩的物理特性通过色彩的搭配及喷色技法处理而产生的。

（4）注意建筑模型色彩的多变性　多变性是指由于建筑模型材质、加工技巧、色彩的种类与物理特性的不同，同样的色彩所呈现的效果就不同。例如纸、木类材料，其质地疏松，具有较强的吸附性，着色后色彩无光，明度降低；而有机玻璃板和ABS板，其质地密且吸附性弱，着色后色彩感觉明快，这种现象的产生就是由于材质不同而造成的。一般来说，建筑模型至少选用三种以上的基本色调，这样就降低了颜色的纯度，颜色越不纯，它们之间的调和性就越好，即使红色和绿色在一起也能互相衬托，表现出宜人的对比，模型的整体色彩就显得非常和谐而不花哨、简洁而不单调。建筑模型色彩的多少由它的功能决定，例如，用于楼盘出售、招商的模型，开发商需要有丰富的色彩和热闹的街景，除非建筑本身被设计得十分花哨，一般情况下这些繁荣的氛围由成片的绿化、缤纷的车辆和人群形成，建筑本身尽量归纳入一个色相之中，表现出庄严、稳重的气质，给人以可靠的信任感；用于投标或学术研讨的模型，其建筑与底盘都要选用同一种色调和素雅的色彩，显示出脱俗的高雅气质。

总之，建筑模型色彩的多变性既给建筑模型色彩的表现与运用提供了余地，同时又制约着建筑模型色彩的表现。所以，模型制作人员在设计建筑模型的色彩时，应着重考虑色彩的多变性。

2. 绿化树木的色彩

树木的色彩是绿化构成的另一个要素。自然界中的树木通过阳光的照射，由于自身形体的变化、物体的折射和周围环境的影响产生出微妙的色彩变化。但在设计建筑模型树木的色彩时，由于受模型比例、表现形式和材料等因素的制约，不可能如实地再现自然界中树木丰富而微妙的色彩变化，只能根据模型制作的特定条件来设计和描绘树木的色彩。在设计处理模型绿化树木的色彩时，应着重考虑如下关系。

（1）色彩与建筑主体的关系　在处理不同类别的建筑模型绿化色彩时，应充分考虑色彩与建筑主体的关系，因为任何色彩的设定都应随其建筑主体的变化而变化。例如，在表现大比例单体模型绿化时，色彩要求稳重，变化要简洁，并富有装饰性。稳重的色彩一方面可以加强与建筑主体色彩的对比，使建筑主体的色彩更加突出；另一方面，可以加强地面的稳重感。单体建筑主体一般体量较大，空间形体变化比较丰富，相对而言，地面绿化必须配以较稳重的色彩，这样才能使模型整体产生一种平衡感。另外，单体建筑模型绿化的色彩变化应简洁，将示意功能表现出来即可。同时，色彩不要太写实，要富有一定的装饰性，如果色彩变化过多，太写实，会破坏盘面的整体感和艺术性。

在表现群体建筑模型绿化特别是小比例的规划模型绿化时，要特别注意表现色彩的整体感和对比关系。因为，由于比例关系，这类模型的建筑主体较多表现体量而无细部，同时，绿化与建筑主体在平面所占比重基本相等，有时绿化还大于建筑主体所占的面积，所以在表现这类模型绿化时，要特别注意色彩的整体感和对比性。一般来说，这类模型的建筑色彩较多采用浅色调，而绿化色彩则采用深色调，二者形成一定的对比关系，从而突出了建筑主体，增强了整体效果。

（2）色彩自身的变化与对比关系　在设计绿化色彩时，除了要考虑与建筑主体的关系，还要考虑绿化自身色彩的变化与对比。这种色彩的变化与对比，原则上是依据绿化的总体布局和面积大小而变化的。在树木排列集中和面积较大时，我们应该强调色彩的变化，通过色彩的变化增强绿化整体的节奏感和韵律感；反之，则应减弱色彩的变化。需要强调指出的是，这种色彩变化不是单纯的色彩明度变化，一定要注意通过色彩变化形成层次感和对比关系。所谓层次感，就好比绘画中的素描关系，在整体中有变化，在变化中求和谐；所谓对比关系，就是在设计绿化色彩时，最亮的色块与最暗的色块有一定的对比度。如果绿化整体色彩过暗，缺少色彩之间的对比，会给人一种沉闷感。如果过分强调色彩对比，则容易产生斑状色块，破坏绿化的整体效果。

（3）色彩与园林设计的关系　园林模型绿化的色彩原则是依据园林设计进行构思的，因为园林模型绿化的色彩是建筑模型整体构成的要素之一，同时，它又是绿化布局、边界、中心、区域示意的强化和补充。所以，绿化的色彩要紧紧围绕其内容进行设计和表现。在进行具体的色彩设计时，首先要确定总体基调，总体基调一般要考虑园林模型类型、比例、盘面面积和绿化面积等因素；其次要确定色彩表现的主次关系，色彩表现的主次关系一般是和园林设计相一致的，中心部位的色彩一定要精心策划，次要部位要简化处理，在同一盘面内不要产生多中心或平均使用力量进行色彩表现；再次要注意区域的色彩效果。在上述色彩表现原则的基础上，应注意局部色彩的变化，局部色彩处理的好坏将直接影响绿化的层次感和整体效果。

总之，绿化的色彩与表现形式、技法存在着多样性与多变性，在设计、制作园林模型时，要合理地运用这些多样性和多变性，丰富园林模型的制作，完善对园林设计的表达。

3. 底盘色彩

大部分模型设计者框定了建筑物的色彩，除了重点设计的广场、铺地外，底盘上的道路、绿化、配景的色彩由模型制作者来设计。

（1）地面环境　地面环境是为了突出建筑主体，在纯度上要比建筑物弱。浅色的建筑选用深色的硬地；而比较深色的建筑则可用浅色的地面，不可用更深颜色的地面以避免整体灰暗。

（2）中间过渡　在建筑与地面间要用中间明度来过渡，将这些颜色紧贴建筑底部的构件如花坛、踏步等。按一般的做法，道路比硬地颜色深，但两者为同一色相或相近明度，硬地的颜色应选用比屋顶颜色略深的相同色，这样做可取得与主体的呼应，使整体和谐统一，也加重了底盘的稳定感。如果要加强地面的层次感，可在同一明度里做色相的区分，如深暖灰色硬地配深蓝灰色道路。

（3）配景因素　在大比例模型上，人、车等配景的颜色因数量少可适当丰富，选一些纯度高、比较亮的颜色。在小比例模型上，如果配景数量众多，需减少颜色或选用纯度低的颜色。在明度上，应选用比地面高的绿化颜色，才能使其突出地面，产生出一种向上的印象。任何色彩搭配都不是固定的，它们随着建筑物的颜色、底盘的大小而变化，需要在制作过程中不断尝试。

第四节　园林沙盘模型的声、光、电、影效果

一、光源与电路

为了模拟夜间建筑模型的特殊效果，增强建筑模型的感染力，也为了清楚而生动地说明其内容，尤其在一些强烈的竞争场合需要吸引公众的注意力时，就需配置灯光显示说明（见图5-22 ~ 图5-27）。

■ 图5-22　建筑灯光照明

■ 图5-23　汽车模型照明

■ 图5-24　水面照明

■ 图5-25 LED照明

■ 图5-26 园路景观照明（甘肃）

■ 图5-27 模型顶部照明

1. 发光材料

目前在模型中，经常采用的显示光源有发光管、低电压指示灯泡、光导纤维等。

（1）发光二极管　价格低廉、电压低、耗电少、体积小、发光时无温升等，适于表现点状及线状物体。

（2）指示灯泡　亮度高、易安装、易购买。但发光时温度高，耗电多，适于表现大面积的照明。

（3）光导纤维　亮度大、光点直径极小、发光时无温升，但价格昂贵，适于表现线状物体。

2. 电路

模型的显示电路因各种使用情况不同，要求也不同，其繁简程度也各异，一般分为以下几种电路。

（1）手动控制电路　此电路的原理极简单，即电源通过开关来实现发光光源的控制。在使用时，需要某部亮时，就按某部的控制开关。一般说来，发光光源的接法有两种。①并联电路。这种电路的优点是电压低，安全可靠，当某组光源中有损坏者，不影响本组其他光源的正常使用。缺点是用电电流大，需要配备变压器，因此造价高。②串联电路。这种电路造价低廉，线路简单，易连接，但每组光源串联电压为220V，所以电路的绝缘问题较难处理，如某组中有一光源损坏，全组都不亮。

（2）半自动电路　大型模型在使用中需要向来宾、观众做详细讲解。那么利用讲解员手中的讲解棒做些文章，便可使模型大放异彩。这种电路只要讲解员用讲解棒碰到模型中预先装好的触点上，延时和控制电路就开始工作。由控制电路发出指令，执行电路立即工作，显示电路同时发光。当讲解员在已调好的电路控制时间里讲解完毕时，电路也自动断电，恢复到下一个循环前状态。这种电路有许多变化，如在讲解棒前端安装一个小光源，在需要模型某部显示时，将讲解棒前端的光源对准预先埋好的光敏电阻，按一下讲解棒上的开关，小光源即发亮，光敏电阻值发生变化，控制电路即开始工作。也可用磁铁和干簧管配合做成控制线路，显示出各种光效果。

（3）全自动电路　按照时间序列，遵守设定的电脑编制的程序并由其控制逐一动作，或由时间继电器设定后分别导通电路执行动作。这种电路被称为傻瓜电路，中间无法中断，而必须完成整个规定动作的全部任务，也可以由多媒体触摸屏来选择控制播放的顺序。

二、声、光、电、影效果合成框架

高档模型通常具有灯光效果、图片录像展示、声音解说、背景音乐等控制功能，由一台多媒体计算机对其进行集中控制，并能够与展示大厅的音响系统、大屏幕投影设备进行配合，达到综合、全面的演示效果（图5-28）。

1. 灯光系统

（1）灯光效果　由建筑内部效果灯、建筑外部效果灯、街道效果灯、水系效果灯、顶置照明灯、顶置追光投射灯等组成。通过计算机的控制，可以在大模型上营造出白天效果、夜间效果等，并可按功能区域突出展示，如行政区域、商业区、道路网、水系、绿化带、名胜古迹等，以及对独立建筑突出展示。

（2）灯光控制系统　根据操作人员的意图，由控制计算机通过灯光控制器，综合控制模型内部安装的建筑内部效果灯、建筑外部效果灯、街道效果灯、水系效果灯、顶置照明灯、顶置追光投射灯等灯光器件，可以在大模型上营造出各种展示效果。①时间效果。模拟白天

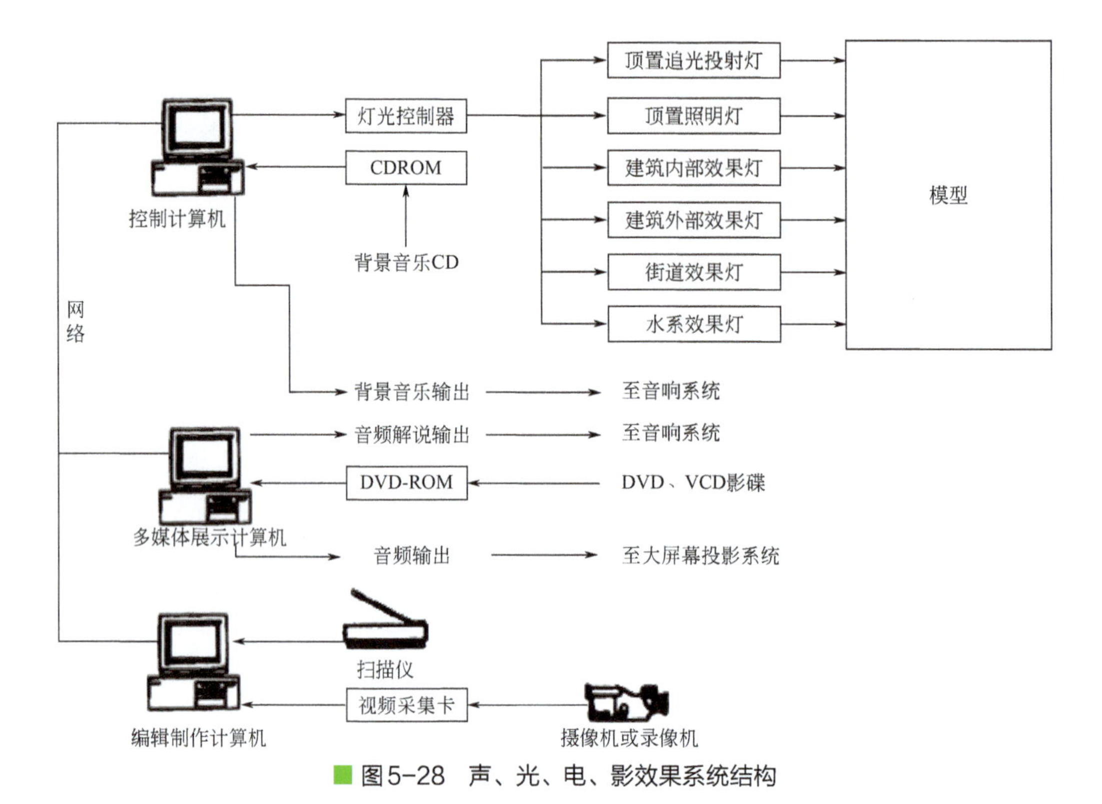

■ 图5-28　声、光、电、影效果系统结构

效果、夜间效果、节日效果等整体效果。②区域效果。根据行政区划或自由划分的展区调配灯光，以突出观众感兴趣的区域。③题材效果。可突出展示城市中的道路、水系、商业区、名胜古迹、绿化带等观众感兴趣的城市题材的分布。④集中效果。可突出展示观众感兴趣的某建筑物、商业区等重点部位。

（3）建筑内部效果灯　安装在建筑物内部，采用低电压灯泡，配合半透明的建筑材料，产生万家灯火的晚间效果。根据建筑物的尺寸和结构，每个建筑物内部可放置1～5个内部效果灯。

（4）建筑外部效果灯　安装在建筑物周围，采用各种颜色的高亮度聚光发光二极管，其发出的光束投射在建筑物的外表，以营造五光十色的节日夜晚气氛。根据建筑物的尺寸和结构，每个建筑外部可放置2～10个外部效果灯。

（5）街道效果灯　安装于街道两侧的路灯灯杆模型上，采用橙色微型发光二极管，模拟出车水马龙的大街小巷。

（6）水系效果灯　安装于河流湖泊的水面之下，采用冷色发光二极管或低电压灯泡，配合半透明的水面材料，可以突出展示城市水系的迷人风采。

（7）顶置照明灯　安装于模型顶部的支架上，为整个模型提供均匀的采光照明。

（8）顶置追光投射灯　安装于模型顶部的支架上独立展区的四角，每个展区4只，可根据控制计算机发出的控制命令自动调整投射方向，从4个方向投射到某一建筑或某一区域之上，以突出展示该建筑或区域。

2. 图片视频展示

（1）图片视频展示素材制作系统　图片视频展示素材制作系统由编辑制作计算机和彩色扫描仪、视频采集卡和相关软件等组成。通过彩色扫描仪可以将图片、照片等静态素材转化为计算机可使用的电子文件，并可以进一步进行编辑和处理。通过视频采集卡，可以将录像机、VCD、DVD影碟中的视频节目转化为动态的计算机文件，并可以进一步进行编辑和处理。

（2）图片视频展示控制系统　由多媒体展示计算机配以DVD-ROM完成，可以接收控制计算机通过网络发出的命令，在计算机上播放预先编辑制作的图片、视频文件、DVD、VCD影碟、说明文字等。

多媒体展示计算机可以向大屏幕投影设备提供显示信号输出，以供多人共同欣赏。

多媒体展示计算机的图片视频播放完全接受控制计算机的控制，其播放的节目内容由控制计算机根据操作人员的指令确定。

3. 模型的声音效果

模型的声音效果可以通俗地理解为语音讲解系统和配音、配乐系统。由于以一种新的感观形式刺激人们的视觉系统，所以它改变了以往模型静态展示的局限，使无声的模型变得有声有色、生动诱人，功能性也更加完善。

现代科技的发展淘汰传统的录音机，现在最新采用已都是固体芯片语音存储技术，录放时间在几秒到一小时，甚至几小时，而且断电后语音不丢失，能够自动开播、自动选播、自动点播、自动重播、自动环播、自动停播、自动借电、自动断电等，无机械磨损和噪声，配合大功率高保真多路环绕扩音、程序控制、数字编译码遥控、专业采播编辑、背景音乐和分段分区分时讲解。

从大的分类来讲，模型的声音效果分为三类，即扩音型、静音型和综合型。扩音型适宜参观人数较多，一般在室外或相对喧闹的人群较集中的环境。静音型适宜参观人数较少的室内场合，一般像工艺美术、珍室展览等项目常用。值得说明的一点是，随着中国向国际化进程的迈入，中外之间的交流也日益增多，静音演示的重要一项是可以利用无线遥控进行多种不同语言的同步播放。综合型即两种演示效果都有，根据具体情况调节和选用。

4. 声音解说和背景音乐

（1）声音解说　声音解说系统可以提供与灯光效果、图片视频展示同步的旁白播出，以向观众提供多方位的信息。声音解说的音频信号可以由编辑制作计算机进行录制，录制好的音频文件在多媒体展示计算机上根据控制计算机的指令进行播出。

（2）背景音乐　多媒体展示计算机可以向展厅音响系统提供音频信号输出，由展厅音响系统的专业音响设备进行最终播放。多媒体展示计算机的声音解说输出完全接受控制计算机的控制，其播放的节目内容由控制计算机根据操作人员的指令确定。

三、模型的气雾效果

模型的气雾效果多采用负离子发生器产生的负离子气雾来模拟（见图5-29）。只有极少

(a)

(b)

图5-29　灯光与雾气的结合

数情况下采用干冰或是其他模拟效果，理由很简单：负离子发生器产生的烟雾干净、纯度高，发生快、订正快、成本低，雾量可调节。

其制作的原理即是将负离子发生器产生的烟雾用在最需要烟雾的地方导出，有时配合彩色光来照在气雾上效果更佳。另外其原理虽然简单，但是产生雾的源头必须有纯净的水，而且产生雾的簧片也需要用特殊的溶剂清洗才能维持气雾的正常产生，由于搬运和安装比较麻烦，有时易凝结成水珠，所以并不是很广泛地采用。在自动控制方面，在导通电路后很快就会产生气雾效果。

四、计算机模拟模型的制作

计算机模拟模型的制作，是应用计算机三维软件技术来实现。一般常用的是Autodest公司为IBM/PC机开发的CAD软件系列，如果要快速有效地制作三维模型，可以综合使用Autodesk（AutoCAD、AutoCAD AME、Autosurf）系列软件。Autodesk系列软件都是制作三维模型用的，有着各自的优缺点，可以共同工作，在制作比较复杂的模型时，可以取不同软件的优点进行高质量、快速度的制作。模拟模型制作软件可以集建模、建材质、动画、影片制作于一体，三维建模软件可以模拟不同材料的质感、运动、变形等。采用建模用三视图方式制作三维物体，然后通过电脑摄影机观察物体，将灯光照在物体上，自动计算出阴影与明亮度，它具有制作快、成本低、存放空间小、修改方便等优点。

另外，这种电脑模拟模型可以通过多种方式进行编辑与复制，还能表现建筑的内部环境和结构等。电脑模拟模型还可以以动画的方式播放出来，让观者身临其境去欣赏、评价，这种感受是任何传统模型无法达到的。

电脑模拟模型不但可以有影像图、动画的形式，还可以做成真正的实体模型，这种实体模型所使用的材料和表现形式都和传统模型相似。不同的是，它是以电脑绘制、控制并制作的实体模型，制成的模型快速、准确和精致。

这种电脑实体模型制作系统一般由绘图和制作两部分组成。首先用电脑表现图技术的方法建立设计方案的电脑三维模型，然后将大小相宜的塑料板材用双面胶条平整地贴在电脑雕刻联机的工作台上，将该模型数据输出到联机的电脑雕刻机上，然后启动雕刻机，电脑就可以控制雕刻机自动将模型的各个平面细节雕刻出来。

第六章 园林沙盘模型的管理与欣赏

第一节　园林沙盘模型的管理

一、沙盘模型的监督和验收

1. 为什么要监督

就业主而言，在模型制作的过程中对其委托生产的产品进行监督，是非常重要的环节。因为等到关联系统的一切工作全部完成后，再提出修改的话将耗费大量的时间、人力和材料，往往比新做还要麻烦，重要的是还会耽误模型的使用，如投标、开盘、认购、展览会、汇报工作等，其损失不仅仅是模型的费用，其他损失也会大大延展，有的甚至引发法律诉讼。

2. 注重监督环节

对于那些原来从未合作过、没有许多的作品积累、没有高素质管理层的模型公司而言，盯住全过程是必要的。

① 首先，在交代图纸及制作要求时要认真、明确、清晰，并从交流中清楚地判断对方是否已经领会了所要表达思想的全部内容。

② 落实具体制作的班组、场地、材料、进度等，要以硬件保证工作得以顺利开展。

③ 随时将制品放在底盘上检查相互关系、布局、结构等情况，非常认真、专业地品味色彩感觉、模型的质感还有相互间的搭配。这一切环节很重要，切记对于拿不准的事要及时与双方高层管理者共同协商，并对照实物比较。

④ 基本完成后进行初检，检查层数、结构、相互关系等，看看盘面感觉如何；该表达的卖点是否都有所表现；环境、植栽是否合理；粘接是否牢固等，觉得没有问题了就可以请上司过目并做最后的现场验收。这样一来，许多工作就会轻松很多，压力也小多了。

3. 注意感性发挥

模型的制作表达过程有时也是很感性的，不可能在协议中详尽地罗列出更多的要求，尤其是感性的内容方面，所以选择与合适的管理人、公司合作，再加上“盯”的功夫，才能保证有一个满意的结果。结果好，一切都好，模型制作的情况也一样如此。

二、沙盘模型的摄影（像）

模型摄影已成为一种模型的重要表现手法，尤其在审定方案、报批计划、指导施工以及归档存查等方面更是不能缺少。由于园林模型容易破碎以及搬运困难，有些工作特别需要模型照片，模型摄影是根据特定的对象，利用摄影进行展示成果和资料保存的一种重要手段。模型摄影与一般摄影有所不同，它是以模型为特定的拍摄对象，因此，无论是摄影器材的配置、构图的选择、拍摄的角度、光的使用及背景的处理，都应以特定的拍摄对象来进行选取。

1. 摄影器材

模型摄影一般使用单反相机，主要是为了便于构图和更换镜头。拍摄时，一般使用135相机50mm标准镜头即可，这种相机拍出的照片变形小，景深适中。但有时为了追求特殊的效果，可以使用变焦镜头或广角镜头。此外，还有一种PC镜头，属摄影专业镜头，它可以通过调焦来消除视差，将三维的拍摄对象还原成二维的平面影像。随着数码相机的推广，数码相机在模型摄影上的应用会越来越普及，为了满足室内外拍摄的各种需要，我们还应配备三脚架、照明灯具、背景布及反光板等器材。

2. 拍摄技巧

（1）构图　一幅照片的取舍，拍摄物象的位置以及最终的视觉效果，相当一部分因素取决于构图。在拍摄模型时，无论是拍摄全貌还是局部，都应以拍摄中心来进行构图，通过取舍把所要表现的对象合情合理地安排在画面中，从而使主题得到充分而完美的表达。

（2）距离　任何模型的细部制作都有一定的缺陷，在拍摄照片时相机与模型的距离不能太近，否则会使细部制作与其他缺陷完全暴露，同时也会因景深不够而使照片近处或远处局部变虚。如果模型较小，拍摄距离最好大于1.2m，如果模型较大则以取景框能容下模型全貌为准。

（3）角度　拍摄视角的选择是拍摄模型的主要环节。在选择视角时，应根据模型的类型来进行。比如用来介绍设计方案、供人参观的模型可采取低视点拍摄，以各角度立面为主，低视点的照片更接近人眼的自然观察角度，符合人们的心理状态；用于审批、存档的模型则以鸟瞰为主，使照片能反映出规划布局或单体设计的全貌，一目了然。

（4）视点　在拍摄规划模型时，一般选择高视点，以拍鸟瞰为主，因为规划模型主要是反映总体布局，所以，要根据特定对象来选取视点进行拍摄，从而使人们能在照片上一览全局。在拍摄单体模型时，一般选择的是高视点和低视点拍摄。当利用高视点拍摄单体建筑时，选取的视点高度一定要根据建筑的体量及形式而定。如果建筑物屋顶面积比较大，而高度较低，则选择视点时可略低些，因为这样处理便可减少画面上屋顶的比例。反之，在拍摄高层且体面变化较大的建筑物时，选择的视点可略高些，这样可以充分展示建筑物的空间关系。利用低视点拍摄单体建筑，主要是为了突出建筑主体高度及立面造型设计。

总之，在拍摄模型时，一定要根据具体情况选择最佳距离和视角。无论怎样拍摄，都要有一定的内涵和表现力，并且构图要严谨，这样的照片才有收藏价值。

3. 室内模型的拍摄

在室内拍摄模型时，光源由若干个灯具组成，我们称之为人造光。人造光源一般分为主光和辅光两类，在利用人造光进行模型拍摄时，要合理地分配主光和辅光。

（1）主光　主光是摄影照明的主要光源。用主光照明能形成一个视觉中心，吸引观众的视线。但这里应该指出的是，主光在画面上只能有一个。如果画面上同时出现两个或两个以上的主光，画面就会形成多个中心，使人的视觉中心转移。作为主光灯具，最好放在模型的侧面，与被摄物成30° ~ 60° 的角。角度过小，被摄物阴影较大；角度过大，则光线就比较平淡。

（2）辅光　也叫副光，其作用是主光照明的补充，消除主光所造成的阴影，以表现景物阴暗面的细部。辅助光的布光位置一般靠近相机，其亮度应低于主光，否则会造成主次颠倒，影响灯光的造型效果。另外，辅助光源的高低位置应以能冲淡阴影为宜。

（3）注意事项　一般来说，室内拍摄时，要将室外投入到室内的光源进行遮挡，同时要消除拍摄周边的反光物，从而避免环境因素所引起的不良效果。在室内拍摄模型照片时，最好于较明亮的阴面房间里进行，这个道理与画室一样，阴面房间光线比较固定，不受阳光的影响，其他杂乱的光线也不易进入镜头，免去很多麻烦；如果在阳面房间拍摄，最好选一个全云天，这种天气比较亮，又没有明显的光线产生，适合室内拍摄。

4. 室外模型的拍摄

室外光线充足，在阳光直接照射下的模型，其光影效果十分强烈，色调更加鲜明，再配上实地的树从、草地、雪景或一个特造环境，能使照片更活泼、更有实际感。在室外拍摄模型时，特别是拍摄带有大面反光材料的建筑物时，要特别注意周围反光物对拍摄的影响。同时要注意千万不要把人的影子拍进画面，更不能拍到模型上。

（1）合理地选择拍摄时间　在室外利用自然光拍摄时，首先要合理地选择拍摄时间，一般以早8时至下午4时之间为宜，过早或过晚则由于色温的变化将会引起图片偏色。另外，正午时间也不利于模型的拍摄，因为正午太阳的照射点最高，模型所呈现的光影效果最差。

（2）正确选择光源入射角　在拍摄模型时，选择光源的入射角有两种情况：一种是根据光线照射的情况选择一个最佳的拍摄角度，然后移动其模型进行各个角度的拍摄；另一种是将模型按实际的朝向进行摆放，然后转换相机位置进行拍摄。前者是为了突出光影，而后者则注意的是实际效果。

5. 背景

背景处理是模型拍摄的又一重要环节。不论拍什么照片都会有背景，有的背景需要简洁、含蓄，也有的需要详细、清楚。背景处理一般有两种作用：一种是改善拍摄环境；第二种是利用背景来烘托气氛。

（1）单色衬布背景　在拍摄素色模型时，一般选用单色衬布为背景。选用衬布时，最好选用质地比较粗糙的布料作为背景，因为质地粗糙的布料具有一定的吸光性，在阳光或灯光的照射下不会引起反光。同时，在选用单一色彩衬布作为背景时，一定要充分运用色彩学的基本知识，一方面要考虑到背景与主体间色彩的对比关系；另一方面还要考虑到色彩之间冷暖的互补性。总之，这种表现手法较为简捷，但在拍摄前一定要处理好各种关系，这样才能拍摄出格调高雅的模型照片。

（2）绿化或天空自然背景　在拍摄实体色模型时，除了选用上述背景处理外，还可以选用自然背景。自然背景分为两种，一种是以绿化环境为背景，即把要拍的模型摆放在树篱或花丛前拍摄，在采用此种方法时，一方面要注意模型不要贴在树篱或花丛上，要拉大被摄物与背景的距离，另一方面在曝光时，一定要加大光圈，使景深变小，从而使背景产生朦胧感，这样处理既能减弱背景对主要拍摄对象的干扰，又能增强其艺术效果。另一种是选用天空作为背景，这种处理方法前提是在具有一定高度的楼顶平台上进行拍摄，因为只有这样才能消除周边环境的干扰。同时，在拍摄时最好能选择在天空中有云朵时进行拍摄，能够增加天空的层次感。

6. 照片后期制作

照片的后期制作分为两种情况。

（1）弥补缺陷　一种情况是由于前期构图缺陷而需要进行后期制作，即在模型拍摄完毕并冲洗后，发现照片构图存在一定的缺陷，这时可在照片上用遮挡法来选择构图，当选择到最佳构图时可在样片上标明，然后选送图片社按其样片进行剪裁、洗印。可用这种方法来弥补由于构图不当而留下的缺陷。

（2）改变背景　另一种情况是，用后期制作来改变原有的背景，使照片更富有艺术表现力。其制作方法是，将所拍摄的照片中的保留部分用刻刀沿着轮廓线刻下，并将其粘贴于背景图像上，然后进行翻拍放大或直接彩色复印后，可得到一张具有理想背景的模型照片。

三、沙盘模型的包装与运输

按照中华人民共和国行业标准《模型设计成品包装运输技术规定》（HG / T20579. 3—1999）的规定，模型运输应该满足以下要求。

1. 成品模型包装运输的基本要求

（1）安全可靠　合理选择包装运输方式，确保模型能安全无损地送到目的地。

（2）坚实牢固　模型包装箱的设计和制作要保证模型在运输和装卸过程中能够承受颠簸和冲击而不致损坏，要求模型包装箱既要有足够的牢度，又要拆卸方便。

（3）防震措施　模型在包装时必须要用防震材料衬垫，使模型与包装箱组合成一个既相对稳定、牢固又具有一定弹性的整体。包装箱与运输工具之间也应采取相应的防震措施，要求能够承受在正常条件下装卸和运输过程中产生的颠簸和冲击。

（4）防潮防尘　在包装箱设计制作过程中应考虑防潮、防尘措施，以避免雨水侵袭和灰尘污染。同时，在模型运输过程中严禁受到阳光直接暴晒，包装箱上应标明防潮、防晒标记。

（5）随运检查　根据运输方式，模型运输应有专人押运，或每到一个转运环节应有专人对箱体进行检查，必要时，每个模型包装箱的上部宜设置有机玻璃窥视孔，供随运人员观察箱内模型的完好程度和提醒搬运人员注意轻放。

2. 包装运输对模型设计制作的技术要求

① 模型底盘的外形以矩形为宜。外形尺寸的控制要适应装载工具的规定，一般陆路运输要求每块模型的外形尺寸控制在1500mm×1200mm×1000mm以内，当选择航空运输时，每块模型的外形尺寸应控制在1200mm×900mm×800 mm以内，当外形尺寸超过许可范围时，应按上述尺寸采用模型分块制作。

② 按模型的类别，选择适宜于模型包装的底盘结构。工艺装置管道模型的底盘，应采用可卸式或折叠式支脚的支撑结构；总体布置模型或建筑模型的底盘，应采用不带支脚的托盘式结构。

③ 当模型厂房或框架总高度超过1200mm时，应采取分层制作，分层的高度应控制在800～1200mm范围内。模型设备的高度，要求控制在适合于包装运输允许的尺寸范围内，当设备安装后的模型总高度超过1200mm时，应采取设备模型分段制作或暂不与底盘固定（运输时考虑单独包装）的办法。

④ 模型厂房或框架与底盘组合时，要求粘接牢固，必要时应在关键部位用螺栓固定，防止运输过程中产生松动或脱落。高大模型设备的安装除采用粘接固定外，其设备基础应用螺栓作加强定位。

⑤ 模型管道的安装，应考虑模型在装卸和运输过程中的防震需要，在易受震荡脱落的部位，应增设模型支吊架或支撑件作预防性加固。

⑥ 模型管道系统的部件或附件在组装时，应配合紧密、粘接牢固，并在包装运输前对易松动的部位来用粘接剂做二次粘接，以增加连接牢度，防止松动脱落。

3. 模型包装箱的设计及制作

（1）模型包装箱的尺寸　应以模型的实际外形尺寸为基准，每边放大20 ~ 30mm作为包装箱内壁的净空尺寸，放大部分作为模型防震衬垫材料的空间。模型包装箱外形尺寸的高度宜取相同尺寸，以便于运输叠装。

（2）模型包装箱的结构　选择方木框架与木板组合形式，箱体外四角用条形铁皮加固，箱体底部应设置枕木并用螺栓固定，以保证包装箱有足够的牢固性。包装箱一般从顶部开闭为宜，当模型高度超过1000mm时，包装箱可采用侧面箱板开闭方式，供开闭的箱板应采用木螺钉固定，以便于开闭操作。

（3）模型包装箱的主要材料　包装箱面板选用12 ~ 15mm厚的木质板材（或机制板）制作，箱体的框架材料应选用不小于30mm×50mm的方木，箱底的枕木应选用不小于50 ~ 100mm的方木。

（4）包装辅助材料　固定模型的压条，应选用30mm×50mm优质木条；防震衬垫材料应选用20 ~ 30mm厚的聚苯乙烯硬泡沫塑料板材；防潮与防尘材料，可选用油毛毡或塑料薄膜覆合在箱体内壁，并采用0.05 ~ 0.1mm厚塑料薄膜防尘罩。

4. 模型装箱准备

（1）全面检查与加固　模型上凡是安装连接易脱落部位，都必须进行二次粘接加固，必要时增设临时支撑件，确保模型接体安装的稳定性与牢固度。

（2）模型编号与复位标记　每块模型与包装箱均应按次序编号，并绘制一份整体拼装示意图。模型厂房的分层面及设备的分段面均应做好加固处理和开箱组装的复位标记。

（3）模型底盘支脚　模型底盘的可卸式支脚应统一做好复位标记，若支脚规格统一，有互换性，则可集中装箱，一般情况下支脚应分别随分块模型装箱为宜。

（4）清洁工作　完成了全面检查及加固工作后，应进行一次成品模型的清洁处理，除掉模型上的尘渍和加固过程中的散落物，并固定防尘罩。

5. 成品模型包装的要求

① 包装的程序　包装箱质量检查和内部清理，箱底衬垫防震材料，成品模型入箱，模型底盘四边衬垫防震材料及固定，检查装箱质量，放入装箱清单，封箱，装箱外壁喷刷或书写运输标记。

② 用聚苯乙烯硬泡沫塑料板材衬垫模型底部及四个侧边，使模型与包装箱之间有一层既能使模型与包装箱相对定位，又具有一定弹性的保护层，以吸收在搬运过程中产生的振幅。

③ 成品模型从顶部装箱时，应采用绳索作为吊装工具，绳索应随模型一起置于箱内，模型底盘支脚应先于模型入箱放置在模型底部，其他需随箱包装的部件及清单应放置在适当的位置相对固定。

④ 成品模型及部件全部入箱并衬垫稳妥后，选择恰当的部位用木质压条将模型与包装箱底压紧定位，保证运输中模型及部件在箱内不会移动。

⑤ 成品模型在装箱过程中，对于受振动易脱落的部件，可用轻质泡沫塑料块衬垫，并用胶带做临时固定，以防搬运途中摇晃倒置。切忌采用泡沫小球等防震材料进行整箱填充式

包装。

⑥ 箱内物件全部装好、固定并核查无误后，进行模型封箱。箱盖应用木螺钉固定，箱盖与箱内模型顶部应有一定的空间，防止箱盖受压后损坏模型。

⑦ 模型包装箱外壁应按运输有关规定，喷刷醒目的“小心轻放、防潮、防晒、不准倒置”等标志符号以及包装箱编号，正确书写发货及收货单位名称及地址。

6. 模型运输

（1）运输方式　通常情况选择铁路运输和公路运输方式为宜，需要长途运输的大型装置模型，选择集装箱包装运输，其安全可靠性较其他散装方式为好。当选择汽车运输，必须在车箱内用沙袋做压重处理，以提高运行途中的稳定性。

（2）运输路线　模型运输应选择能用一种运输工具直接到达目的地的方式为宜，尽量避免或减少中途转运的概率。

7. 模型开箱

① 模型开箱程序。a.检查模型箱体外观确认完好无损；b.开启箱盖；c.拆除箱内模型压条及临时加固设施；d.取出模型；e.修复模型脱落的部件；f.模型校核；g.清除灰尘；h.模型拼装；i.移交用户。

② 模型开箱应按编号程序，逐箱单独开箱，待已开箱的模型复位、清理、整修、校对无缺损后，方可将包装箱丢弃。

③ 分层分段的模型，应按包装时的标记复位，并清除包装运输所设的标记和临时加固件，对脱落部位用粘接剂做永久性固定。

④ 单块模型全部复位整修清理完毕，可将成品模型搬进存放室，进行整体拼装，再进行一次整体校核，确认无误后，移交用户。

四、沙盘模型的养护与保存

1. 模型的养护

模型太大就无法安装玻璃罩，那么无罩的模型就需要清洁。还有就是声、光、电、模型底部的电路需要修理，维修人员的出入口怎么开也是问题。有些模型除了要考虑分割、运输，出入口等因素外，还要考虑沙盘底部电器的绝缘、发热，消防防火等因素。另外，由于各种材料热胀冷缩的系数不一样，所以要避免模型放置场地空间温差太大，并避免阳光的直射，这一切在具体制作时都有一套成熟的做法，但重要的是要考虑到这些因素。

2. 模型的保存

除工作模型之外，一般的使用模型都具有一定的保存价值。如果保存期很短，可用纸、布、塑料布等把模型盖好，防止落灰；如果保存期稍长，可用硬纸板、塑料布等做一个防尘罩；如果保存期很长，可用2～5mm厚平板玻璃粘成一个防尘罩，因为平板玻璃透明度好、强度大，能经得起多次擦灰的摩擦，而且还能防止有人乱摸、乱动模型，更能随时观赏。

无论模型的单独保存还是集中保存，都要注意防潮、防晒、防高温，因为不论什么材质的模型经潮湿、日晒或高温，都有可能产生变形和褪色，这对长期保存极为不利。最好用一块紫红色大绒布将模型及玻璃罩一同盖上，再加一层塑料布，这样既防灰尘又防晒，还提高了模型的自身价值。模型设计成品应有专室存放、专人保管，以充分发挥其使用功能。模型存放室要求宽畅通风、明亮洁净，应避免阳光直射模型。

■ 第二节　园林沙盘模型的实例欣赏

一、园林沙盘模型审美要素

园林沙盘模型是一种特殊的工艺品，造型艺术与色彩艺术是两门关键的专业。轮廓清晰、形体优美、色彩和谐的各种模型是制作者对美的一种再创造、对生活的一种理解浓缩，艺术是没有优劣边界的，这里主要介绍园林景观模型的一般性评判原则。

1. 设计方案本身要精彩

设计方案自身的精彩是构成判定一个模型是否出彩的第一要素。可以想象一个平淡无奇的设计要想具有很强的震撼力，无疑是巧妇难为无米之炊，所以方案本身是决定因素。

2. 比例、色彩与质感

（1）比例关系要准确　同一个模型内，模型与模型、配景与配景、模型与配景之间的比例关系大体应该一致。极个别的问题可以特殊处理，但处理后看起来要舒服，不能给人一种不实之感。不管模型表现的大小，各个部分之间的比例与相对位置都要准确。

（2）色彩对比要和谐　一个模型色彩的整体设计，能充分体现出模型师的艺术修养。一个完美的模型，除了技巧、材料外，还要掌握色彩学的基本理论和概念，通过灵活、慎重的手法，实现色彩协调和统一，那些杂乱无章、五花八门的色彩大杂烩的模型是不会有感染力和生命力的。

（3）材料质感要真实　质感问题很大程度上可以说是真实程度问题。如果模型质感不强，不像其物，那么根本用不着去讨论它的好与坏，因此观赏一件模型作品要看与实物比较真实程度如何。当然模型不是实物，它是虚构的，是经过模型师艺术处理的。它源于生活，却高于生活，不可能把实际生活中的一草一木全部照搬到模型上，也没有这种必要，但经过虚构和艺术手段的处理后，使人联想到它虽不是生活中的实体，又确信实物就在眼前。这就需要模型有较高的艺术性，做到以假乱真，以“夸张、借喻、拟人”等手法都要恰到好处。

3. 做工要精细，层次要分明

做工精细包括模型主体制作和细部的表现都不能粗糙，看模型不仅要看色彩，更要看立面的表现深度。各个部位粘接是否正确、牢固，各种线条裁切是否直，接口粘接是否正确等。

4. 气氛渲染要到位

在园林模型中，气氛的渲染是至关重要的，如模型的外部装饰、灯光、环境气氛、色彩、音响等都构成了环境渲染的重要内容。

二、城市景观与名园沙盘模型欣赏

1. 城市景观模型

中外城市景观见图6-1～图6-3。

2. 中外名园景观模型

西安华清宫景观见图6-4，北京景山公园模型见图6-5，河北承德避暑山庄模型见图6-6，北京圆明园模型见图6-7、图6-8，北京颐和园模型见图6-9、图6-10，法国巴黎圣母院见图6-11。

■ 图6-1　唐长安城景观模型（西安）

■ 图6-2　城市高层景观模型（重庆）

■ 图6-3　巴黎局部街景模型（法国）

■ 图6-4　西安华清宫模型

■ 图6-5　北京景山公园模型

■ 图6-6　承德避暑山庄模型

■ 图6-7　北京圆明园模型

■ 图6-8　北京圆明园局部景观模型

■ 图6-9　颐和园景观模型全貌

■ 图6-10　万寿山前山与后山景观

■ 图6-11　巴黎圣母院模型（法国）

3. 其他名园景观模型

西安秦始皇陵景观模型见图6-12，北京奥林匹克公园模型见图6-13，北京中华民族园模型见图6-14。

■ 图6-12　秦始皇陵景观模型

■ 图6-13　北京奥林匹克公园模型

■ 图6-14　北京中华民族园模型

4. 单体建筑名园景观模型

山西鹳雀楼、广西真武阁景观模型见图6-15、图6-16，铜塔、风雨桥见图6-17、图6-18。

■ 图6-15　鹳雀楼模型（山西）

■ 图6-16　真武阁模型（广西）

■ 图6-17　铜塔（西安）

■ 图6-18　风雨桥模型（广西）

三、居住区环境景观沙盘模型欣赏

1. 大中城市高层小区环境景观模型

见图6-19、图6-20。

2. 中小城镇多层小区环境景观模型

见图6-21、图6-22。

■ 图6-19　建筑立面景观与屋顶绿化模型

■ 图6-20　以亭廊为构图中心的游园景观

■ 图6-21　景观全貌

图6-22 局部景观

3. 乡村郊区独院环境景观模型

见图6-23 ~ 图6-26。

图6-23 不同风格的独院景观模型

■ 图6-24　陕北民居室内外景观模型

■ 图6-25　关中民居室内外景观模型

■ 图6-26　陕南民居室内外景观模型

四、园林沙盘模型学生作品欣赏

1. 园林工程技术专业学生作品

见图6-27、图6-28。

■ 图6-27　教师指导园林沙盘作品

■ 图6-28 园林沙盘作品

2. 环境艺术专业学生作品（衣学慧指导）

见图6-29 ~ 图6-33。

■ 图6-29 中心对称式

■ 图6-30 轴线对称式

■ 图6-31　自然重心式

■ 图6-32　自然式

■ 图6-33　综合式

3. 园林规划设计专业学生作品

见图6-34 ~ 图6-37。

■ 图6-34　指导教师陈祺（右四）、张帝（左四）与学生们

■ 图6-35　山水游园模型

■ 图6-36　晋商文化广场

■ 图6-37　陕西关中民俗文化园

■ 第三节　沙盘模型的其他应用与发展趋势

一、特殊景观模型欣赏

1. 玻璃景观模型

见图6-38。

■ 图6-38　玻璃景观模型（西安）

2. 藏传佛教景观模型

见图6-39、图6-40。

■ 图6-39 藏传佛教景观模型（青海）

■ 图6-40 制作过程（青海）

3. 亭组式名胜展示模型

见图6-41 ~图6-43。

■ 图6-41 亭式模型展示园全貌（西安）

■ 图6-42　亭式模型展示园（外观）

■ 图6-43　亭式模型展示园（内部）

4. 窑洞式佛教景观模型

见图6-44。

■ 图6-44　窑洞式佛教局部景观（马来西亚）

5. 矩形橱窗式历史文化景观模型

见图6-45、图6-46。

图6-45 矩形橱窗式历史文化景观全貌（陕西）

图6-46 矩形橱窗式历史文化景观单元模型

6. 梯形橱窗式历史文化景观模型

见图6-47。

■ 图6-47　梯形橱窗式历史文化景观单元模型（合肥）

二、工农业生产景观模型欣赏

1. 现代农业景观模型

见图6-48 ~ 图6-51。

■ 图6-48　杨凌现代农业示范园全貌

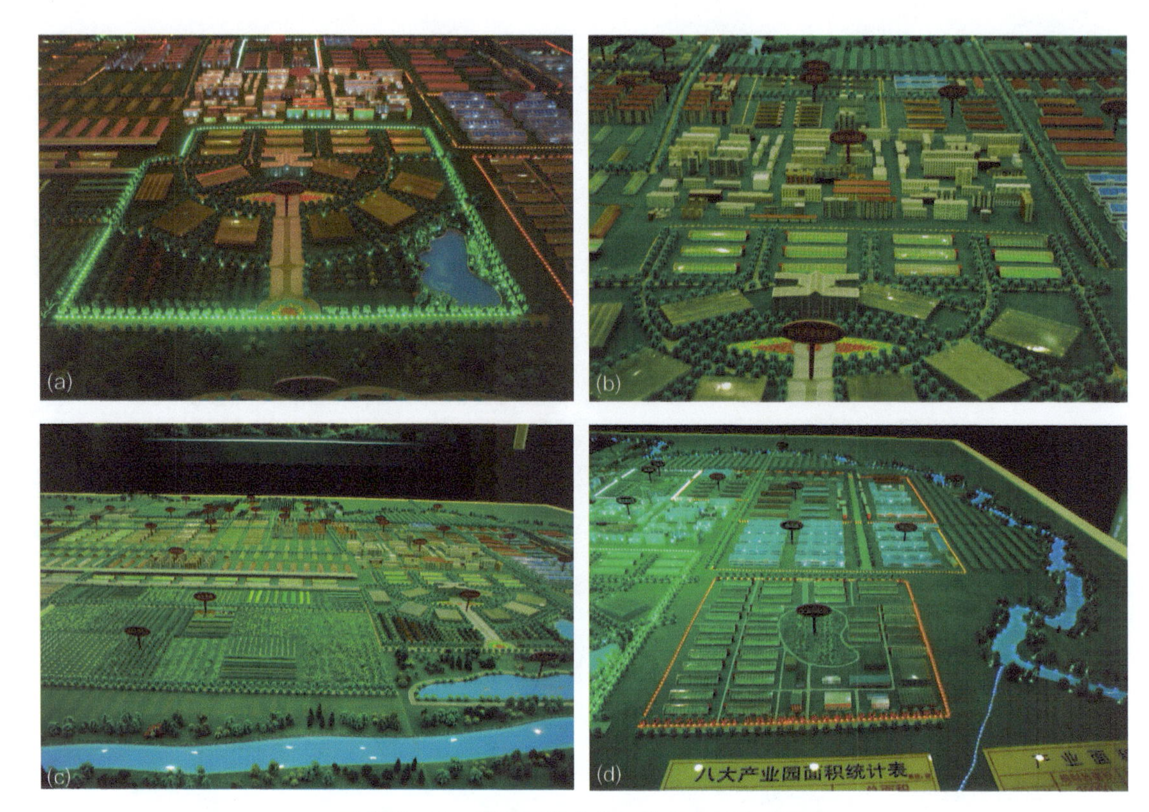

■ 图6-49　杨凌现代农业示范园局部景观模型

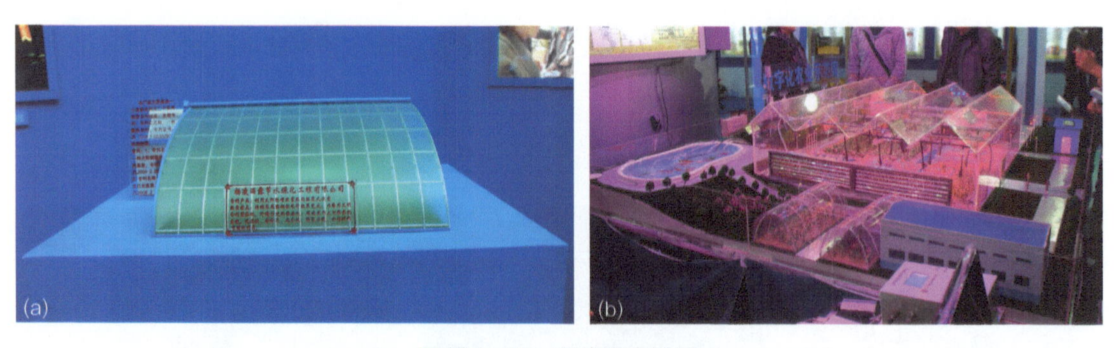

■ 图6-50　现代温室模型

■ 图6-51　手机农场模型

2. 现代养殖业景观模型

见图6-52、图6-53。

3. 水利景观模型

生态综合治理见图6-56、图6-57，水电站见图6-58。

■ 图6-52　养猪场泥塑模型

■ 图6-53　生态养猪场模型

■ 图6-56　渭河生态治理模型全貌

■ 图6-57　渭河生态治理模型局部景观

■ 图6-58　水电站模型

4. 工业景观模型

见图6-54 ~图6-60所示。

■ 图6-54　喷灌模型

■ 图6-55　节水灌溉与检测系统模型

■ 图6-59　金矿企业模型

■ 图6-60　烘干机功能演示模型

三、沙盘模型的发展趋势

当谈到园林沙盘模型制作的未来发展趋势时，人们似乎很难预料。然而，随着时代的发展和事物内在的规律来进行探析时，就园林沙盘模型的未来而言，势必在如下几个方面有着重大的发展和变化。

1. 表现形式的多样化

目前，园林沙盘模型制作主要是围绕着房地产业的开发、建筑设计的展示及建筑学专业的教学进行的。因此，就其表现形式上来看是较为单一的，主要是以具象的形式进行表现的。展望未来，这种具象的表现形式仍将采用。但同时，随着人们观念的变化和对园林沙盘模型制作这门造型艺术的深层次理解和认识，将会产生更多的表现形式。作为未来新产生的表现形式，则侧重于其艺术性及纯表现主义，也就是常说的抽象表现形式。

2. 制作工具的专业化

园林沙盘模型制作工具是制约园林沙盘模型制作水平的一个重要因素。目前，在园林沙盘模型制作中，较多地采用手工和半机械化加工，较多地采用钣金、木工的加工工具，专业制作工具屈指可数。这一现象的产生，主要是由于园林沙盘模型制作业还未进入到一个专业化生产的规模，正是这种现象制约着园林沙盘模型制作水平的提高。但从现在国外工具业的发展和未来的发展趋势来看，随着园林沙盘模型制作业和材料业的发展及专业化加工的需要，园林沙盘模型制作工具将向着专业化的方向发展，届时园林沙盘模型制作的水平也将得到进一步提高。

3. 制作材料的系列化

园林沙盘模型制作与材料有着密不可分的关系。从最初使用纸木材料来制作园林沙盘模型发展到现在利用有机高分子材料制作园林沙盘模型，这些变化，正是得益于材料业的发展。但是也应该看到，作为目前园林沙盘模型所使用的专业材料还是屈指可数的，远远不能满足园林沙盘模型制作的要求。因此，从某种意义上来讲，材料限制园林沙盘模型的表现形式，给园林沙盘模型制作带来了一定的局限性。

但在今后的一段时间里，随着材料科学的发展以及商业行为的驱使，园林沙盘模型制作所需要的基本材料和专业材料将呈现多样化趋势。园林沙盘模型制作将不会停留在对现有材料的使用上，而是探索、开发、使用各种新材料，模型制作的半成品材料将随着园林沙盘模型制作的专业化而日渐繁多。

另外，材料的仿真程度将随着高科技的发展而有重大提高。园林沙盘模型制作是一种微缩的艺术仿型制作，材料仿真的程度往往制约着模型制作者的表达和制作。从目前来看，园林沙盘模型的仿真还属于较低层次，远远不能满足园林沙盘模型制作的要求。这种材料滞后现象的产生主要是受两个方面的影响。其一，园林沙盘模型制作的发展还未进入一个规模化的专业生产。作为园林沙盘模型制作材料从开发到应用，未能进入一个良性循环，因此商业因素是材料产生滞后现象的根本原因。其二，由于目前的加工工艺，模具制作等非商业因素的水平还不能满足高仿真化模型材料制作的要求，应该看到，这种滞后现象只是一个暂时的过程，这种现象必将随着模型制作业的发展和未来高科技的发展而消失。

4. 制作工艺的系统化

手工制作园林沙盘模型是沿袭下来的一种传统的制作方法。目前，由于模型制作人员的综合素质不同而呈现出制作水平的参差不齐。当电脑雕刻机被应用于园林沙盘模型制作时人们便产生了各种不同的看法，甚至有人认为，电脑雕刻机的出现将取代手工制作。其实不然，从目前来看，电脑雕刻机决不能取代手工制作，因为电脑雕刻机只能进行平、立面的各种加工，况且，电脑雕刻机完成的只是制作工艺中的某一环节。因此，可以断言，未来的园林沙盘模型制作将会呈现传统的手工制作和现代化高科技制作相互补充、互为一体的趋势。

总之，未来的园林沙盘模型制作，无论是在表现形式上还是在工具、材料及制作工艺上必将会全方位发生变化。因此，作为模型制作者也应随着这些变化而变化，通过大家的努力，共同繁荣和发展这门古老而又年轻的造型艺术。

参考文献

[1] 郎世奇编著．建筑模型设计与制作．北京：中国建筑工业出版社，1998.
[2] 宋西强．风景园林绿化规划设计与施工新技术实用手册（第一卷）．北京：中国环境科学出版社，2002.
[3] 谢大康编著．产品模型制作．北京：化学工业出版社，2003.
[4] 朴永吉．周涛主编．园林景观模型设计与制作．北京：机械工业出版社，2006.
[5] 刘学军主编．园林模型设计与制作．北京：机械工业出版社，2011.
[6] 褚海峰，黄鸿放，崔丽丽著．环境艺术模型制作．合肥：合肥工业大学出版社，2007.
[7] 陈祺编著．庭园景观三部曲：庭园设计图典．北京：化学工业出版社，2009.